美国『大脑健康之父』

丹尼尔·亚蒙

Daniel G. Amen

世界知名的脑成像专家

丹尼尔·亚蒙是一名精神科医生，他通过了一般精神病学和儿童精神病学双职业认证，同时也是临床神经科学家、脑成像专家。他被美国精神病学会授予杰出会员称号，这是该学会给予会员的最高荣誉。

18 岁时，年轻的亚蒙参军入伍，成了一名军医。在部队接受的培训让他爱上了医学，尤其是医学成像。退伍后，他选择攻读医学博士学位，最终成为一名精神科医生。在他看来，精神病学不仅能帮助患者本人，也能帮助患者的亲人和后代，让他们过上更健康的生活，其影响力足以改变几代人。

在临床中，亚蒙博士致力于将脑成像技术和精神病学治疗结合起来。他创立了世界闻名的亚蒙诊所，目前已在亚特兰大、芝加哥、纽约、华盛顿、洛杉矶及北加利福尼亚等地开设了 11 家诊所。亚蒙诊所拥有全球最大的与行为相关的功能性脑扫描数据库，共收集了来自 155 个国家和地区的 20 多万患者的大脑扫描数据。

美国最受欢迎的精神科医生

亚蒙博士不仅在专业领域贡献卓著，还是一位学术明星，深受广大民众的欢迎。他是 12 次荣登《纽约时报》畅销书排行榜的畅销书作家，代表作《幸福脑》（*Change Your Brain, Change Your Life*）连续 10 年在美国亚马逊网站的心理自助类图书中销量排名第一。他设计、制作、主持过 17 个很受欢迎的脑科学节目，相关在线视频播放次数超过 3 亿次。他甚至参演过多部电影，包括《最后一轮之后》（*After the Last Round*）和《眩晕》（*The Crash Reel*）；还参与过一些获得艾美奖的电视节目，比如《饮酒作乐的真相》（*The Truth about Drinking*）和《奥兹医生秀》（*Dr. Oz Show*）。亚蒙博士还担任过电影《震荡效应》（*Concussion*）的顾问，并曾在美国国家安全局、美国国家科学基金会、英国广播公司（BBC）以及《时代周刊》《纽约时报》等机构和组织主办的活动中演讲。

由于在大众中的超高知名度，亚蒙博士被《华盛顿邮报》称为“美国最受欢迎的精神科医生”。

专注大脑健康的模范夫妻档

亚蒙博士的妻子塔娜·亚蒙是护士出身。她曾在医院里负责照顾神经外科手术重症监护病人，关于饮食和营养对大脑健康的价值有着最直接的认识。和丈夫一样，塔娜也是一位专注健康和健身领域的专家，她的著作《奥姆尼饮食法》（*The Omni Diet*）也登上了《纽约时报》畅销书排行榜。夫妻二人并肩工作，共同组建了一支致力于改变大脑与身体健康状况的队伍。两人一起设计并主持了三档全国性的电视节目《治愈注意障碍》（*Healing ADD*）、《奥姆尼健康革命》（*The Omni Health Revolution*）和《大脑勇士》（*The Brain Warrior's Way*），还一起经营亚蒙诊所。亚蒙博士专注于神经层面，塔娜则担任营养顾问和教练，同大家分享健康饮食窍门和健康的生活方式。

亚蒙夫妇共同的心愿是：让更多的人关注健康，加入大脑勇士的行列。

作者相关演讲洽谈，请联系
BD@cheerspublishing.com

更多相关资讯，请关注

湛庐文化微信订阅号

湛庐CHEERS 特别制作

亚蒙脑健康系列

湛庐 CHEERS

与最聪明的人共同进化

HERE COMES EVERYBODY

CHEERS
湛庐

思维之龙与想法之蚁

Your Brain is Always Listening

[美]丹尼尔·亚蒙 Daniel G. Amen 著
刘卓然 译

中国纺织出版社有限公司

测一测

你知道如何改善情绪、提升能量吗?

扫码加入书架
领取阅读激励

- 当你有一段不愉快的回忆时，如何做更有助于治愈内心?（单选题）

  A. 将创伤埋藏在心里

  B. 多展望未来的快乐时光

  C. 睡觉时盖薄一些的被子

  D. 把感受写下来，安抚内在小孩

扫码获取全部测试题及答案，
一起清除心理健康的
隐形威胁

- 以下哪项做法可以帮助你更快地摆脱坏习惯、保持健康?（单选题）

  A. 积极了解并购买保健品

  B. 制订高强度的锻炼计划

  C. 严格控制饮食

  D. 找一个有健康生活习惯的人长期相处

- 以下哪种表现说明你大脑的“驯龙者”出现了问题，且需要去医院做检查?（单选题）

  A. 能很专注地工作和做家务

  B. 总是把家里整理得很干净整洁

  C. 往往在最后一分钟才把事情做完

  D. 在说话行动之前深思熟虑

扫描左侧二维码查看本书更多测试题

发现困住积极思维的隐形力量

没有恶龙出没的冒险根本不值一讲。

——作家托尔金（J. R. R. Tolkien）

我在写这本书时，接到了大明星麦莉·赛勒斯（Miley Cyrus）打来的电话。从她的声音中，我能听出她异常崩溃。她在18岁那年第一次来找我时就满怀焦虑和恐惧。自那时起，我便一直为她看诊。过去她总是担心自己病了或是她妈妈病了。要是没交男友，她就会担心自己可能发生什么不测。她甚至认为自己要是不谈恋爱就会死。在接受诊疗的过程中，麦莉学会了一些有效的策略，帮自己控制住了负面的想法。但那一天，她的焦虑卷土重来，而我也很清楚其中的原因。

当时，新冠疫情如野火般席卷全球。电话中，麦莉连珠炮似的提了一堆问题，什么令她害怕她就问什么，比如“病毒会在包裹上存活多久”这种我也很难回答的问题。

电话最后，我设法让麦莉和我一起做了几次深呼吸，帮助她镇静下来。显然，新冠疫情释放了麦莉的过去之龙。这些长期隐藏起来的龙，如今正在向她大脑中感受恐惧的区域喷火，助长她焦虑、担忧的情绪，让她进入了负面思考的模式。我告诉她，我们正处在前所未有的时代，她要做的是成为驯龙者，安抚心中那些残暴的野兽。

在我们一同驯服恶龙的过程中，麦莉从一个满怀恐惧、无助的人，变成了有自主权、能自控的人。通过本书，你也将学会相同的驯龙策略。在 Instagram 直播中，麦莉与她的 1.05 亿关注者分享了她学到的东西。这些直播形成了一个系列，麦莉称其为《点亮大脑》（*Bright Minded*）。她在这个系列中讲解了我的 BRIGHT MINDS 方案。当时，人们的许多负面情绪不断高涨，比如压力、焦虑、抑郁、孤独、悲伤、失落等，如何处理这些情绪就成了一个问题。在麦莉的直播节目中，我很荣幸成为第一位嘉宾，聊到了许多处理这些负面情绪的方法。[1]“这个节目让我感觉好多了。”“没想到这些方法这么有用，谢谢！”——从麦莉的关注者的评论来看，麦莉显然不是唯一受过去之龙影响的人。当经济不景气时，当健康受到威胁时，过去之龙便乘虚而入。人们开始为失去的一些东西而悲伤，可能是一份工作、一种安全感，也可能是一个日常习惯，甚至可能是亲人朋友。

而当时的我完全没想过，我也将在几周后承受痛失所爱之人的苦。

2020 年 5 月 5 日，我的父亲去世了。悲伤之龙向我的大脑喷出了火球。我是一名经验丰富的精神科医生，帮助许多人治愈过失去带来的痛苦。有些人认为，假如一个人失去了亲人，那么他应该先沉浸在痛苦之中。我总想反问：“如果你摔断了胳膊，你会先沉浸在痛苦之中，等 6 周之后再去接骨头吗？”为了更快地从悲伤状态中恢复过来，最重要的步骤之一是表达你的感受，而不是压抑你的情绪。所以，我在社交媒体上分享了我的痛苦经历。

我在好几期的夜间直播中讲解过，不只是在哀悼的过程中，大脑其实每时每刻都在倾听并做出回应。2020 年 5 月，来自美国明尼阿波利斯的乔治·弗洛伊德（George Floyd）遭遇了令人心碎的事。当时，一名警察不顾弗洛伊德“我不能呼吸了”的呼喊，跪坐在他的脖子上长达 8 分钟之久，导致了弗洛伊德的死亡。随后，弗洛伊德之死引发了人们愤怒的情绪。这种由社会不公引发的情绪，释放出本书将会讲到的愤怒之龙、评判之龙以及家传之龙。在这些恶龙的影响下，一些人走上街头和平抗议，另一些人则大肆打砸抢烧。

恶龙会对大脑产生很大的影响。本书将对大脑产生强大影响的情绪和想法概括为以下 6 大类。

第一类：过去之龙。过去的情绪、发生的事情仍然能让你心火难平，影响你的行动。

第二类：他人之龙。至今为止在你人生中出现的人，都有属于他们自己的恶龙。

第三类：蚂蚁——自动的消极想法[①]。自动产生的消极思维不断连接、堆积并向你发起攻击，同时为焦虑和抑郁提供燃料。

第四类：恶习之龙。受恶龙影响而产生的习惯，可能会增大出现体重超标、抑郁以及脑雾的可能性。

第五类：诡计之龙。它可能来自广告商、新闻提要、社交媒体，以及躺在你的口袋中偷走你的思想和金钱的电子小玩意。

第六类：成瘾之龙。它是指损害健康、窃取财富、破坏人际关系的重复行为。

除非你能识别并重新定义这些恶龙带来的影响，否则它们会偷走你的幸福，破坏你的人际关系，窃取你的健康，夺走你应对压力的能力，并限制你的未来。好消息是，一旦你能察觉并驯服恶龙、消灭蚂蚁，你就能改掉坏习惯，终止自暴自弃的想法，增强应对不确定性的能力，减小上当受骗的可能性，摆脱成瘾的症状。事实

① automatic negative thoughts，首字母缩写为 ANT（蚂蚁），可将这种想法比喻为很多蚂蚁在脑袋里又钻又爬。——编者注

上，驯服恶龙对良好的心理健康至关重要，当恶龙控制你的大脑时，你的整个人生甚至都会受到影响。

下面的故事来自企业高管吉米的真实经历。我遇见吉米的那个下午，他坐在我办公室中那张柔软的酒红色真皮沙发上，他的妻子坐在他旁边。吉米当时 39 岁，那天早上，他刚从精神病院出院，看上去焦躁而疲惫。一周前，他有过自杀的想法，他想彻底终结纠缠不休的恐惧、焦虑和绝望感。这是他脑中的焦虑之龙在作祟，焦虑之龙是 13 种过去之龙的一种。

多年来为吉米看诊的另一位精神科医生，一直在给他开治疗焦虑和抑郁的药物。药物虽然能缓解他的负面情绪，但也影响了他的积极情绪。他在看这位精神科医生时，从未学习如何应对焦虑之龙或其他 12 条催生黑暗想法、引发情绪波动的恶龙。

吉米因抑郁症发作被送进了急诊室。一切始于我们见面的两周前。当时他需要向公司最大的客户之一做报告，这让他非常恐惧。他告诉我："如果非得描述这种恐惧，那就好像你被困在死囚牢房里，时间迅速流逝。看守打开牢门，你不得不迈出第一步，就是这种恐惧贯穿了我。"从中学开始，吉米一直在尝试克服公开演讲恐惧症。通过我在后文会讲到的"打破过去的枷锁"的练习方法，我们发现吉米的恐惧始于 12 岁的一次经历。那天，祖母让他去洛杉矶高等法院为他被起诉的父亲求情。吉米的焦虑之龙朝着他年少大脑的恐惧中心喷射火焰。他还受到蚂蚁的攻击，比如"如果我在法庭上说不出话来，因此害了父亲怎么办"。

尽管吉米压抑自己的记忆，但是他的焦虑之龙百般纠缠，从中学、高中、大学到他进入社会，始终如影随形地折磨着他。他一直竭尽全力地通过逃避任何演讲来避免惊醒恶龙，直到大约 6 年前，有一回，主管让他简述自己的工作职责。他热爱自己的工作，但他还是花了好几天时间，反复想象自己无法表达出想法的场景。即便完成了工作汇报，大脑中的蚂蚁仍然成倍增加、层层堆叠，并向他发起攻击，这些蚂蚁还将很多其他灾难性想法联系起来（见图 P-1）。从那时起，吉米开始看他原来的精神科医生，通过服用药物，有意识地克服恐惧心理。这个方法在一段时间内奏效了。他可以正常出差、旅行、拜访客户。然而，当他需要承担新的工作职责时，过去之龙重新现身，让他的情绪再度失控。

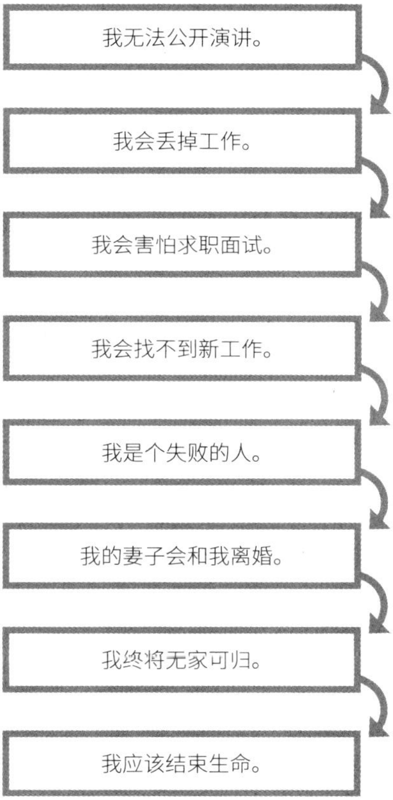

图 P-1　吉米内心的蚂蚁不断堆积的过程

吉米在成长过程中遭受过强烈、持续的心理创伤。他曾目睹父亲打人。在吉米很小的时候，他和祖母一起去探望入狱的父亲，父亲让吉米向其他狱友做自我介绍，这让他害怕极了。父亲被捕后，母亲把吉米送去了祖父母家里，但留下了他的两个弟弟妹妹。漠视之龙开始在他的脑内呢喃，说他孤身一人，无人关爱。

另外，吉米的大脑总是听凭家传之龙和家族基因的差遣。他的母亲服用过治疗焦虑的药物，有焦虑和酗酒的家族史。父亲的家族则有严重的精神问题，包括惊恐发作、抑郁，他的兄弟姐妹也有类似的问题。

吉米的大脑也受到了恶习之龙的影响。由于吉米一直聆听其他恶龙的呢喃，恶习之龙也随之诞生。吉米有一个让妻子特别头疼的坏习惯。他喜欢看暴力电影、拳击比赛和终极格斗冠军赛，他小时候就和父亲一起看过这类影片和比赛，但看这些只会让他的大脑和身体持续承受压力。

吉米的大脑不仅被这些恶龙所控制，头部还多次受伤。他是美国高中橄榄球联赛最佳阵容的线卫。18 岁前一直打拳击。15 岁时，他从 2 米高的地方摔下来后，全身抽搐，昏迷了大约 10 分钟，右耳还失去了听力。他在医院住了 4 天，而且不得不用整个夏天重新学习走路。为了让焦虑之龙和受伤之龙平静下来，吉米刚成年就开始酗酒，但这样做只能暂时地缓解他的痛苦。

吉米并不知道恶龙在他的大脑和生活中兴风作浪。他的大脑只能听到负面的声音，比如自己是一个无可救药、糟糕透顶、一败涂地的人。吉米的恶龙给他讲了很多这样的故事，比如你被人抛弃了，你得不到别人的爱，你生活在充满危险的世界，你还做不到公开演讲……这些故事形成恶性循环，让他觉得自己不如去死。大多数人在成长过程中受过的创伤不会像吉米遭遇的那么严重。然而，除非我们有意识地学习识别恶龙的声音，否则我们仍然可能基于错误、拼凑的信息创造出恐怖的故事，导致我们在想法和行动上都自暴自弃。

为了评估吉米的病情，我们详细地了解了他的人生故事，查阅了过往的医疗记录，完成了一整套实验室测试，并进行了一项名为单光子发射计算机体层摄影（SPECT）的复杂 3D 脑成像研究，这是一项评估脑血流和大脑活动模式的医学研究。不同于计算机体层扫描术（CT）、磁共振成像（MRI）这两种可以扫描、评估大脑解剖结构的工具，SPECT 用于观察大脑的功能。SPECT 大体上可以告诉我们三种关于大脑活动的信息：大脑活动是否健康、活动过少或活动过多。在亚蒙诊所（Amen Clinics），我们已经进行了 30 年的 SPECT 扫描，建立了与心理健康问题相关的全球最大的脑部扫描数据库，对来自 155 个国家的患者进行了超过 20 万次的脑部扫描。

图 P-2 是 SPECT 扫描出来的健康大脑显像。左图用于观察大脑的外观，可以看出大脑活动呈现出全面、均衡、对称的模式，这种扫描叫作平面显像扫描。右图中的白色区域代表大脑中最活跃的区域。在扫描健康的大脑时，这些活跃区域通常位于小脑（大脑的后下方），小脑拥有大脑一半的神经元，这种扫描叫作动态显像扫描。

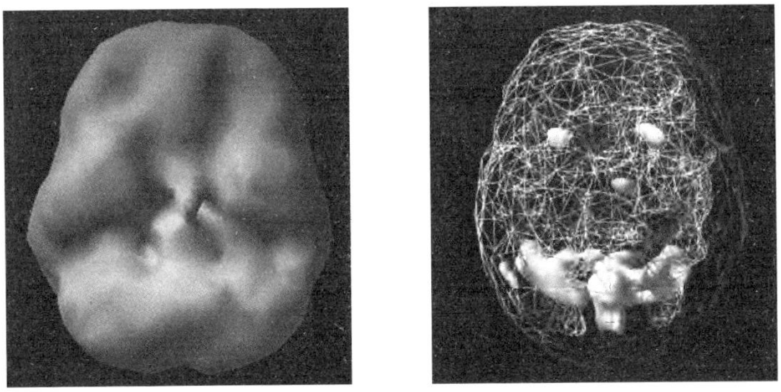

图 P-2　典型健康大脑的 SPECT 影像

吉米大脑的 SPECT 影像（见图 P-3）显示了两个重要信息。左图显示，吉米的左侧颞叶活动低下，这与过去的脑外伤相吻合。大脑的这部分区域与情绪稳定性、易怒性、语言表达困难度（找到恰当词汇的难度）、记忆问题、焦虑情绪，以及阴暗的想法密切相关。当大脑的这个部分受伤时，该区域会向大脑的其他部分发送中断信号。右图显示，吉米大脑边缘或情绪部分的活动增加，且呈现出菱形，这与过去在他大脑中留下的情感创伤相吻合，所以大脑总在倾听过往的痛苦经历。

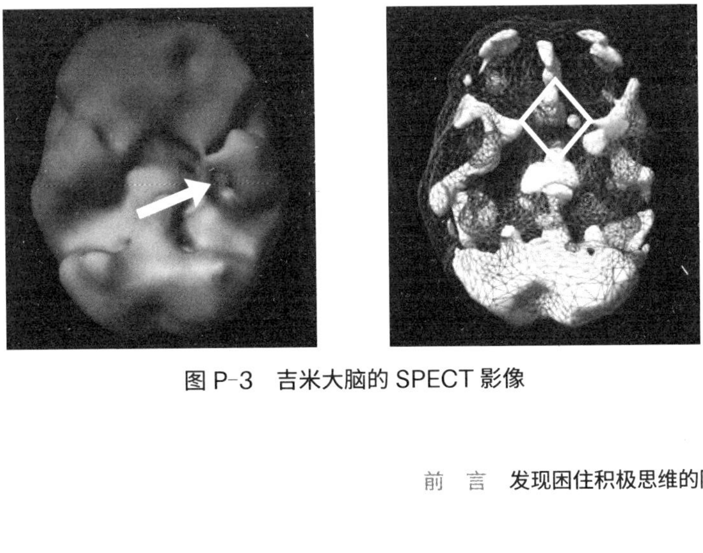

图 P-3　吉米大脑的 SPECT 影像

吉米之所以能重新恢复活力，是因为他勤于使用本书提出的策略，了解、驯服了隐秘的恶龙并且消灭了蚂蚁，同时做到了饮食健康、营养均衡，保证大脑的健康。在接下来的 6 个月里，他的情绪得以稳定，焦虑症状得到缓解。在职场上，他成为团队中更为重要的一员；在家庭中，作为丈夫和父亲，他变得更加快乐、更有爱心。此外，他还减掉了 17 公斤，变得更加健壮，比过去几年更有活力。他还开始帮助其他家庭成员恢复心理健康，从而在面临困境时，他们仍然能保持强韧的心态。

本书将探讨恶龙和蚂蚁与你大脑的对话，以及让你感到悲伤、焦虑、担忧、沮丧、疯狂甚至失控的诸多原因。采用切实可行的策略驯服恶龙后，你不仅可以掌控自己的大脑，还可以自主选择大脑倾听的内容。即便遭受心理创伤，承受极大的压力或陷入悲伤的情绪，你也不再屈从于消极的想法，不再让恶习损害你的健康和人际关系。你将能够明辨真假、建立自信、磨炼心智，也将变得更加快乐与平静，更能掌控自己的命运。为了获得健康并保持健康，一旦你开始了解并利用这本书的方法，请别忘了与你爱的人分享。你可以通过分享来组建自己的心理支持小组，使自己更能在今后保持新的好习惯。

目录

Your Brain is Always Listening

引　言

大脑系统如何产生情绪

在我们一起踏上驯龙之旅前，你需要简单了解支配我们生活的 6 个大脑结构。由于它们将在本书中多次出现，你可以通过图 0-1 快速了解它们。人的大脑非常复杂，结构繁多，但这 6 个大脑结构尤为重要，它们共同协作，让人产生情绪、出现焦虑、形成记忆、采取行动。

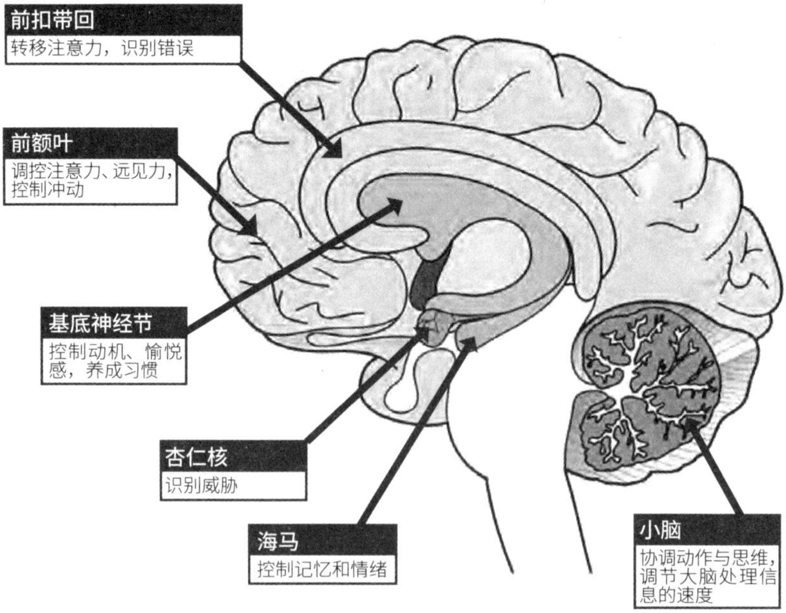

图 0-1 大脑内部结构

前扣带回：位于额叶深处，主要功能是转移注意力和识别错误。当前扣带回过度活跃时，人的想法或行为往往会变得消极，人还容易忧愁烦恼、与他人争执，满眼都是自己或他人身上的错误。

前额叶：位于大脑前部三分之一处，像老板一样扮演下达执行指令的重要角色，包括调控注意力、远见力，让人做出判断、计划、决策，以及控制冲动。当头部外伤、毒素、注意缺陷多动障碍（ADHD）或其他原因，造成前额叶活动低下时，人常常会注意力涣散、做事失去条理、懈怠拖延、冲动行动，就像老板去度假了一样。

基底神经节：这种位于大脑深处的大型组织与习惯的形成密切相关。基底神经节所包含的伏隔核是大脑奖励系统的一部分（激励你走向快乐、远离疼痛），对产生快感的神经递质多巴胺反应灵敏。伏隔核与渴望密切相关。如果伏隔核的活跃度低，人们往往会感到压抑、沮丧，更容易成瘾，并且渴望获得能够激活伏隔核的东西，比如酒精或高热量的含糖食物。

杏仁核：这种杏仁状结构位于太阳穴下方和眼睛后方。大脑两侧各有一个杏仁核，它们与情感、威胁识别、攻击性相关。受过情感创伤的人的大脑中的杏仁核通常过于活跃，会让人过度警觉（总是在警惕坏事发生）并且对社交感到焦虑。当杏仁核活动低下时，人的恐惧感通常会减少，会像纪录片《徒手攀岩》（*Free Solo*）中的攀岩者那样愿意冒险。

海马：因为结构的形状像海马而得名。你大脑中的两个海马大约有你的拇指那么大，位于左右侧颞叶内侧的大脑深处、杏仁核后方。它们属于大脑中控制情绪的部分——情绪脑，可以让你感到快乐或悲伤，并且是记忆的核心，可以将新信息存储数周。强化记忆后，可以将信息保留更长时间。如果海马受损，就无法存储新信息了。在电影《初恋 50 次》（*50 First Dates*）中，女主人公遭遇严重车祸，左右海马均受损。入睡后，她前一天的记忆就会全部消失。记忆出现问题与海马活跃度低有关，海马也是阿尔茨海默病中最先死亡的大脑区域之一。如果处于营养丰富的环境中（拥有优质的营养，丰富的 ω-3 脂肪酸、氧气，充足的血流量和精神刺激），海马每天还可以产生多达 700 个新的干细胞。[1]

小脑：位于大脑的后下方，尽管小脑体积只占大脑体积的 10%，它却拥有大脑一半的神经元或细胞。它与动作和思维的协调、大脑处理信息的速度、语言功能以及认知加工、语言加工等方面息息相关。

关注你的 4 个圈层

每当我评估或治疗患者时，我都会思考 4 个圈层。我在另一本书《幸福脑》（*Change Your Brain, Change Your Life*）[2] 中，第一次提到这些圈层。

一是生物圈，指大脑和身体在生理上如何运转。我有一个工作原则，如果你想保持大脑生理功能健康，或者拯救出现问题的大脑，你必须注意 11 个主要的危险因素，因为它们会窃取你大脑的健康。为了帮助你记住这 11 个危险因素，我用它们的首字母编了一个短语——BRIGHT MINDS，具体代表的意思是：血流量（blood flow）、退休和衰老（retirement and aging）、炎症（inflammation）、遗传因素（genetics）、颅脑损伤（head trauma）、毒素（toxins）、心理健康问题（mental health issues）、免疫力和感染（immunity and infections）、神经激素问题（neurohormone issues）、糖胖病（diabesity）、睡眠（sleep）。[3] 此外，生物圈还包括饮食和锻炼。

二是心理圈，指你如何思考并进行自我对话，以及如何看待自我概念、身体形象、情感创伤、成长经历和人生重大事件。恶龙通过对你评头论足来影响你的心理健康，比如，评判你是否优秀、是否聪明、是否漂亮、是否强壮、是否富有等。当你驯服恶龙并且觉得自己很优秀，你会变得更加快乐和自信。当你感觉自己不够优秀时，你的大脑就会屈服于悲伤、焦虑和失败的情绪。

三是社会圈，指人际关系质量和当下的生活压力。当你拥有稳固的人际关系、健康的家庭、喜欢的岗位或职业以及稳定的财务状况时，你的大脑往往会表现得很出色。而关系破裂、离婚、裁员、亲人过世等生活中的艰难困苦，则会提高应激激素的水平，让恶龙发狂。不健康的社会圈也会让你更容易感染疾病，更容易出现抑郁、焦虑等症状。

四是精神圈，指你与地球、过去和后代的联系，以及对人生目的和意义最深刻的追求。一个人远不止是脑细胞和思想的简单连接，我认为每个人的诞生都被赋予了神圣的意义。当大脑倾听恶龙或蚂蚁的声音时，个体很容易忘记自己的生命弥足珍贵，忘记自己还有未完成的职责和使命。

当有任何一个圈层不再健康时，大脑会倾听过去之龙、他人之龙的声音，并被这些恶龙控制。

破坏吉米生物圈的因素有先前的颅脑损伤、遗传自父母的易损性基因、心理健康问题以及糖胖病（高血糖加上超重）。他的心理圈则被过去之龙、蚂蚁和发展性创伤占据。在社会圈中，他既要处理害怕被抛弃的心理问题，又得顶住与工作相关的压力（被期望在公开场合讲话的压力）。精神圈是帮助他减轻痛苦的力量源泉。

通过改善 4 个圈层的健康状况，我们成功治愈了吉米的大脑，驯服了他人脑中的恶龙，也帮助他的大脑开始倾听更有利于健康的声音。而我将以同样的方式帮助你获得健康。

Your Brain is Always Listening

第1章
驯服过去之龙，过去不等于命运

否认恶龙存在的人，往往会被内心的恶龙吞噬。

——摘自厄休拉·K. 勒·古恩（Ursula K. Le Guin）的文集《脑海中的波浪》（*The Wave in the Mind*）

自古以来，人们都是通过故事交流的。故事让人们了解自己在世界中处于什么位置，也教会人们如何在世界中生存。故事塑造了人们的观念，让知识和道德理念代代相传。个人的故事指引着个体的生活。个人对自身经历的理解在一定程度上决定了他是幸福的还是抑郁的、是兴奋的还是失望的、是愤怒的还是平和的。我们每天都在讲述自己的故事。我们的思考、感受、行为以及和其他人的互动，都是故事的一部分。随着时间的推移，我们创造了许多故事，而我们每一次对话都是对这些故事的一种映射。正因为这些故事，才有了我们脑子里不断播放的那些“电影”——“我是一个好妈妈……一个坏爸爸……一个酒鬼……一名成功人士……一名受害者……一个傻子”。

我的朋友莎伦·梅（Sharon May）博士是世界知名的关系心理学家，她把那些干扰人们生活的故事叫作过去之龙。这些龙一直在朝人们的杏仁核喷火，换句话说，就是在扰乱人们脑部颞叶中与情绪反应有关的杏仁状结构。人们因而焦虑、愤怒，做出不理智的行为，并且不由自主地给出负面的回应。梅博士在我和妻子塔娜（Tana）共同主持的播客节目《大脑勇士》（*The Brain Warrior's Way*）中说：“所有人当下的感受和行为，都受到过去之龙的影响。”[1] 除非你能识别它们、驯服它们，有意识地让你的杏仁核镇静下来，保护它不被烧出问题，否则这些恶龙就会在你的潜意识中挥之不去，让你余生都活在痛苦之中。无论是从余烬中吹出的灰末，还是其他人一个微小的动作，它们都可能变成毁灭性的焦虑之火和愤怒之火。

慢慢地，我确定了 13 种过去之龙，并且确认了它们的起源、让它们变得难以抵抗的诱因，以及它们是如何让人们做出反应的。很多人的行为都受到很多种过去之龙的影响，这些恶龙之间也总是相互影响，引发内部和外部的战争，简直就是在上演现代版《权力的游戏》。这些驱使人们做出反应的恶龙还有主次之分。对人们产生主要影响的恶龙在大多数时候会出现，而对人们产生次要影响的恶龙只在人们有压力时才会出现。这 13 种过去之龙包括：漠视之龙、劣势之龙、焦虑之龙、受伤之龙、羞耻之龙、权欲之龙、责任之龙、愤怒之龙、评判之龙、死亡之龙、悲伤之龙、绝望之龙、家传之龙。

针对每一种过去之龙，我会为你提供 4 个工具，帮你改写恶龙一直在讲给你听的故事。你将学会识别恶龙的起源，了解诱发它们的机制，以及它们会让你做出什么反应。我还会教你一些肯定自我的话，你可以每天说给自己听，这样就能安抚这些恶龙，让它们镇静下来。我会分享一些我自己的过去之龙，告诉你它们是怎么折磨我、影响我并刺激我取得一些成就的。自我表露（self-disclosure）是我经常用来帮助患者的有效治疗手段，通过这个手段，患者们就能知道我可以成为他们人生中心智上的伙伴和向导。另外，我还做了一项有意思的练习，即想象每一种龙可能喜欢的电影类型。

漠视之龙：唤醒觉察与关怀

起源：他人对你视而不见或不认可你，或者你感到自己不受重视、被抛弃、陷入孤立无援的状态。如果孩子长时间得不到父母足够多的关爱，就很容易惹上这类恶龙。在大家庭中排行中间的孩子，以及那些父母或兄弟姐妹身患疾病或以自我为中心的孩子通常也会招惹上这类恶龙。如果一个家庭中父母或是兄弟姐妹的其中一个功成名就，那这类恶龙也会出现。因为在这种家庭中，往往有成员觉得自己相较之下不受重视，或不受宠爱。这个人要么是夫妻中成就不高的一方，要么是孩子中成就不高的一个。

诱因：你发觉别人无视你或轻视你，别人被认可而你没有得到认可，你被解雇而你的同事没有。

反应：漠视之龙会让你感觉孤独，觉得自己没有价值或十分渺小。你也可能受到这类恶龙影响，变得自我膨胀，用狂妄自大来弥补自卑。这种恶龙与被抛弃有关，会让人们在花时间评估一段关系健康与否之前，就过早地投入这段关系中。这类恶龙还会引发嫉妒、无来由的不安全感和痛苦。要是漠视之龙向你的情绪脑喷火，就可能招来许多人际关系问题，你会因此反应过度。如果和你打交道的对象也被同类恶龙所困扰，那就可能引发一场破坏你们关系的战争。

电影：这类恶龙爱看有关弱势者的电影，比如《洛奇》(*Rocky*)、《追梦赤子心》(*Rudy*)、《角斗士》(*Gladiator*)、《斯巴达300勇士》(*300*)、《龙威小子》(*The Karate Kid*)、《弱点》(*The Blind Side*)、《贫民窟的百万富翁》(*Slumdog Millionaire*)。

丹尼尔的漠视之龙：这是对我产生第一大影响的恶龙。我们家有7个孩子，我排行老三，上面有一个姐姐、一个哥哥，下面则是4个妹妹。我妻子塔娜是在冲突和创伤中长大的，据她判断，我家过得就和《唐娜·里德秀》(*Donna Reed*)、《老爸最知道》(*Father Knows Best*)、《反斗小宝贝》(*Leave It to Beaver*)这些20世纪五六十年代的电视节目里演的差不多。然而，小时候经历的很多事情、惹上的很多恶龙都让我感到绝望和无助。

身处黎巴嫩家庭，排行又居中，让我时常感觉自己无足轻重。我的父亲是连锁杂货店的老板。中东家庭的家族企业多由长子参与经营。换句话说，我的哥哥才是“被选中的人”，而我不是。

孩子一多，父母就没什么时间关注到每一个人了。在大萧条时期，焦虑之龙招惹上父亲，以致他每周都要工作 80 多小时才罢休。10 岁之前，我都没怎么见过他；10 岁之后，我可以在周末去店里给他打下手。但在工作时，他就不是我的父亲了，他成了我的老板。母亲永远都在忙着做饭、打扫、接送我们。虽然我非常喜欢每周和她一起读书的那 20 分钟时光，但我还是经常感觉自己遭到了忽视。

漠视之龙让我渴望与他人相连，渴望被看到，也渴望成为重要的那个。我这一生都在努力影响他人，我也喜欢在众人面前分享我的所学所得。我曾在美国航空球场（American Airlines Arena）做过一次演讲，当时听众有 2 万多人，那是我最爱的演讲之一。可以这么说，因为有漠视之龙的存在，我才会写这本书。

驯服漠视之龙的工具

工具 A：识别生活中的漠视之龙。你是否感觉自己遭到忽视、无足轻重且孤独寂寞？你是否成长在一个大家庭中？你的父母是否在你小时候就离婚了，或是缺席了你的童年？

工具 B：往好的方面看。这种恶龙可能会让你想变得重要、想帮助他人，为世界带去正能量。这种恶龙为我带来的好处是自由。因为我不是黎巴嫩家庭中的长子，所以我可以随心选择我的人生。我不喜欢做杂货店生意，在过去的 40 年中，我一直在做自己喜欢的事情。我是一名精神科医生，为患者排忧解难；我也是一位作家，为读者普及医学知识。我并不嫉妒我哥哥，相反，我非常感激他。

工具 C：运用策略。

策略 1：了解你的人生目标。这样你会感觉自己变得更重要、更快乐，和他人的联系也更紧密了。著名电影制片人亚当·莱比锡（Adam Leipzig）的一场线上演讲深得我心，内容是如何用短短 5 分钟时间找到你的人生目标。[2] 演讲一开始，他提到了自己在耶鲁大学毕业 25 周年聚会上发现的一个惊人现象：那些有权有势、生活富足的朋友，有 80% 对自己的人生不满意，尽管他们当中有的已经结了两次婚、有了两套房。与那些对自己人生满意的人相比，这些人差就差在了“不知道他们的目标”。

莱比锡说，要想知道你的目标，你就必须清楚下面问题的答案：

- 你是谁？叫什么名字？
- 你喜欢做什么？比如写作、烹饪、设计、创造、演讲、教学、算数等。为了让你的目标更明确，问问自己：“我有资格教别人做的一件事是什么？”
- 你为谁做这件事？或者，你做的事如何将你和他人联系在一起？
- 那些人想从你身上得到什么，或需要从你身上得到什么？
- 他们如何因你做的事而获得改变？

我在回答这些问题时，答案是这样的：

- 我的名字叫丹尼尔。
- 我喜欢优化人们的大脑，鼓励人们关注大脑健康。
- 我这样做是为了我的家人，还有那些到我诊所来的人、读过我的书的人、关注我的社交媒体账号的人，或是看过我在公共电视台上的节目的人。
- 我接触的这些人想减轻痛苦，能更好地掌控自己的人生。他们希望获得更健康的大脑和更精彩的人生。
- 在我的帮助下，人们能拥有更健康的大脑和更精彩的人生；人们减轻了痛苦，变得更幸福，还把自己关于大脑健康的所学所得分享给了其他人。

请注意，这些问题中，只有两个是关于你自己的，另外 3 个是关于其他人的。

有句名言说得好："要想幸福一小时，那就打个盹；要想幸福一整天，那就钓个鱼；要想幸福一整年，那就继承一笔钱；要想幸福一辈子，那就帮助一个人。"幸福的真谛在于帮助别人。

如果在聚会上，有人问你："你是做什么的？"那请给他最后一个问题的答案。就拿我来说，当别人问我是做什么的时，我都会说："我帮人们获得了更健康的大脑和更精彩的人生，他们因而减轻了痛苦，变得更幸福，还把我教给他们的东西分享给了其他人。"通过回答这个简单的问题，我既和他人分享了我的人生目标，又让我的漠视之龙镇静下来。那么，你的目标是什么呢？

策略 2：努力帮助他人。志愿活动其实有助于锻炼海马，提升记忆力并改善情绪，同时在两年内提高个人的成就感、增强产出能力。[3]

策略 3：成为团体的一员，比如加入民间团体、环保组织等。保持良好的社交关系对维持健康至关重要。人类是彼此需要的物种。如果你不能和别人面对面交流，那就找一种有创意的联系方式。

策略 4：心理治疗对你非常有用。注意不要过早地逃避治疗。当你靠近医生时，你可能会紧张、想要逃跑，这种回避的心态或许也是你在人际交往中的一种心态。

工具 D：每天都对自己说自我肯定的话。比如：

"我是被爱着的。"
"我是独一无二的。"
"我很重要。"
"我被人们看到了。"
"我的感受和想法很重要。"

劣势之龙：挖掘潜力，逆风翻盘

起源：你觉得自己“事事不如人”，无论在能力、外表、金钱、成就还是人际关系上，你都认为自己低人一等。你也满足不了父母对你的期望。你还尝过被同辈霸凌、遭家人贬低、受领导批评的滋味，总会消极地将自己与他人比较。由于社交媒体的盛行，这类恶龙让焦虑、抑郁的情绪在年轻人中泛滥开来。

诱因：你与他人对比、竞争；你看向镜中的自己。

反应：劣势之龙会让你感到自卑、抑郁、无助、嫉妒，让你变得过度敏感，或者过于追求完美；这类恶龙可能也会让你患上冒充者综合征，觉得自己是个浪得虚名的骗子，或者压根不知道自己在做什么；它甚至可能引发躯体变形障碍，让你臆想自己的身体有缺陷。

电影：劣势之龙喜欢看超级英雄电影，喜欢拥有特殊能力的角色，比如漫威的《X 战警》（*X-Men*）的变种人。

丹尼尔的劣势之龙：这是对我产生第二大影响的恶龙。我个子不高，长相滑稽：我的母亲身高 1.5 米，父亲身高 1.68 米，我自然就高不到哪儿去。在班里我通常是最矮的，同学经常拿身高戏弄我，体育活动选拔中最后剩下的也总是我，这让我觉得自己不如其他男生。在家里，妈妈每天忙着给姐姐妹妹梳头，没空管我和哥哥的发型，所以我们俩小学时留的是寸头。由于遗传了祖父的大耳朵，我还有个

“小飞象”[①] 的外号。

小时候，我并不觉得自己有多聪明。我在一所天主教小学读书，那时候每个班级有 48 个孩子，大家坐成 6 列、8 排，我的成绩从没拔尖过。父母忙于生计，无暇顾及我的学业，只要我别挂科就好。

人如果不像自己的父母或兄弟姐妹一样成功，通常就会自惭形秽。我的父亲出生在一个穷困的移民家庭，却白手起家，打造了一家市值超过 1 亿美元的连锁杂货店。我小时候就知道他是一个成功的商人。但是拥有成功的父母，对孩子来说并不一定是一件好事。因为孩子常常将自己与父母或兄弟姐妹比较，以评估自己能否达到他们的高度。自我价值感会受到你认为你所处的位置与你认为你应该达到的位置之间的差距的影响。如果二者匹配，个体通常会自我感觉良好；否则，个体就会感到自卑。

当然，劣势之龙也是我获得成功的动力。随着时间的推移，我发现了个子不高的好处。比如飞机上的每个座位对我来说都像头等舱一般，我可以自由伸腿；我的头也从来不会撞到门框。最终被我吸引的人，看中的也是我的为人，而不是我的身材。当然，我挺想自己有两米的身高，那样我就能去洛杉矶湖人队打篮球了。不过，就算没有那样的身高，靠着我的头脑，我也在 NBA 待了一年，培训那里的裁判关于大脑健康的知识。我还作为首席研究员，参与了针对美国国家橄榄球联盟现役和退役球员的研究，这是全球第一项也是规模最大的一项关于脑成像和康复的研究。虽然在身高上我远远不如他们，但我能帮助他们拥有更健康的大脑和更精彩的生活。看到这些球员的大脑损伤扫描图，我比以往任何时候都庆幸自己高中时只是个替补四分卫，这可是橄榄球赛场上最安全的位置。

西奥多·罗斯福说过，比较是窃取幸福的小偷。天资平庸的我选择努力工作。直到今天，我仍然认为已故的父亲是我认识的人当中最成功的人之一。但长时间持之以恒的努力，也让今天的我足以在家人和患者心中留下属于我自己的印记。

---

① 卡通人物小飞象的英文名 Dumbo 有笨蛋、蠢货的意思。——译者注

驯服劣势之龙的工具

工具 A：识别生活中的劣势之龙。你是否经常将自己与他人进行比较，或者嫉妒他人？你觉得自己不如别人吗？你觉得自己不够优秀吗？你被语言攻击过吗？

工具 B：往好的方面看。人无完人，接受自己的缺陷，会帮助你接受其他人的缺点，会让你更加谦逊、更有同情心。

工具 C：运用策略。知名企业家、《赫芬顿邮报》的创立者阿里安娜·赫芬顿（Arianna Huffington）将这类恶龙比作“大脑中臭名昭著的室友”，并认为“必须给它们下逐客令”。[4]

策略 1：努力不和别人比较，尽全力做最好的自己。你可以这样做：

- 自己要意识到正在与他人比较这一行为。
- 了解并避开那些诱发比较行为的事物，如社交媒体、电视广告。
- 做一些转移注意力的事。
- 专注于自己的优势和成就。
- 表扬他人，这样你会更容易称赞自己。
- 避免浑浑噩噩地在社交媒体上冲浪。

我妻子塔娜在我们共同主持的播客节目《大脑勇士》中提到过自己遭遇劣势之龙的经历。那天圣诞节，她在网购时刷到了一张非常完美的女性图片。一股自卑感瞬间涌上心头，她甚至想立刻搜索整容手术网站。幸好，我的妻子识别并远离了那条在她脑中呢喃的恶龙。

策略 2：不要在乎别人对你的看法，因为大多数时候根本没有人在关注你。我教给我的患者一条“18-40-60”规律：18 岁时，你担心别人怎么看你；40 岁时，你不在乎别人怎么看你；60 岁时，你会发现根本没有人看你。人们整天都在为自己操心，而不是围着你转。

策略 3：知道完美主义不会带来成功，比较不会带来快乐。总会有人比你更健康、更富有、更漂亮、更高大或更强壮，也总会有人比你更贫穷、更丑陋、更矮小、更孱弱。你在关注什么，就会感受到什么。然而，当前的社会环境和社交媒体都在大肆鼓动人们互相比较，这种比较往往是消极的，会让很多人深受其害，你可千万不要跳进这个圈套。

工具 D：每天都对自己说自我肯定的话。比如：

> “我是独一无二的。”
> “我会克制自己与他人比较。”
> “我是坚强、独立的。”
> “我会成为我心中最好的自己，而不是他人心中最好的我。”
> “我会努力工作。”

焦虑之龙：从不安中寻求平静

起源：你常常惴惴不安，感觉厄运将至，精神不堪重负，抑或是你觉得这世界危险重重，不安或焦虑的情绪萦绕于心。酗酒、暴怒、情绪善变的父母或兄弟姐妹，都能孵化焦虑之龙。焦虑之龙来自你的过去，是最常见的过去之龙。在美国，有 31% 的人会在人生某个阶段患上焦虑症。[5]

诱因：以任何方式想起引发焦虑的旧事。比如，被重视的人冷眼相待、被迫在公开场合讲话、被噪声打扰、被超额安排工作等。

反应：焦虑之龙会让人惊恐发作，即产生一种强烈、突然的恐惧感。人会感到紧张，想象最坏的情况，还会出现躯体应激症状、恐惧症，忧虑人身安全，时刻担心被审视。焦虑之龙也会让人避免与他人产生冲突、避开公共场所和其他会让自己产生压力的场景。如果焦虑之龙是对你影响最大的恶龙，那么这可能反映出你缺乏自信、害羞、胆小、容易窘迫，或者对批评敏感。焦虑之龙还可能让人做出自损的行为，比如，靠酗酒来摆脱焦虑情绪。以下是焦虑之龙带来的其他常见症状：

- 肌肉紧张加剧，如头痛、肌肉酸痛、手部震颤。
- 心跳加速、心率加快、胸部疼痛。
- 呼吸困难或窒息。
- 头晕、无力或双脚无法站稳。
- 恶心或腹部不适。
- 多汗、出现潮热或打寒战。
- 身体抽动，包括肌肉抽动、发声抽动。
- 高压情景下身体会变得僵硬紧绷。
- 啃指甲或挠皮肤。

电影：焦虑之龙讨厌看恐怖电影，喜欢看有趣又振奋人心的电影，比如《窈窕奶爸》（*Mrs. Doubtfire*）、《长大》（*Big*）、《落魄大厨》（*Chef*）以及迪士尼电影《小福星》（*Pollyanna*）。

丹尼尔的焦虑之龙：我到 9 岁左右才改掉了晚上尿床的毛病。小时候，我每天早上起床都提心吊胆，生怕尿湿了床单。我的大脑因此高度警觉，无时无刻不在防范风险。我还老爱啃指甲，能啃到手指出血。我用了许多年才改掉这个坏习惯。

成长于20世纪五六十年代的孩子，并不都是看着《唐娜·里德秀》和《反斗小宝贝》无忧无虑地长大的。我记得小时候没少经历“防空演习”，我们被迫躲在课桌下，严阵以待可能投来的原子弹。我们还经历过地震逃生演习，这非常实用，因为我们恰好位于1971年圣费尔南多地震的震中附近。

年轻时产生的焦虑感，让我特别想把放松身心的方法教给我的患者，比如横膈膜呼吸法、引导图像法以及催眠法。通过这些方法，我可以重启自己的神经系统，更高效地帮助患者。同时，这也能帮助我更好地应对困境带来的不确定性和恐惧感。

驯服焦虑之龙的工具

工具A：识别生活中的焦虑之龙。你有常见的焦虑情绪反应或身体症状吗？

工具B：往好的方面看。焦虑之龙会促使人们自建一个心理安全系统，这对自己和他人都有益处。在为即将到来的活动、潜在的紧急情况或意外状况做准备时，保持一定的焦虑感是必要的。意外和疾病往往最早光顾那些“及时行乐”的人。

工具C：运用策略。以下步骤将帮助你重新训练情绪脑，让它冷静下来。

策略1：按特定模式进行横膈膜呼吸。具体方法如下：

- 用鼻子吸气3秒。
- 保持吸气状态1秒。
- 呼气6秒，是吸气时间的两倍。
- 保持呼气状态1秒。
- 重复10次。
- 这将花费不到两分钟的时间。

烦闷、愤怒或焦虑都会让呼吸变得浅而急促。焦虑者的血氧浓度会因此产生变化，加剧焦虑感。如此形成的恶性循环，会让人变得易怒、冲动、混乱，从而容易做出糟糕的决定。

学习控制呼吸会带来立竿见影的效果。比如，控制呼吸可以使杏仁核平静下来，缓和身体出现的战斗－逃跑反应，还可以放松肌肉、温暖双手、调节心律。我经常教患者做缓慢的腹式深呼吸，希望他们熟练掌握这种呼吸方法。观察婴儿或小狗呼吸，你会发现他们几乎只用腹部呼吸，这是最有效的呼吸方式。吸气时，腹部扩张，可以增加肺部和身体摄取的空气；呼气时，腹部回缩，横膈膜会将空气排出肺部，让呼气更加充分，从而更好地帮助深呼吸。

策略 2：祈祷和冥想可以让杏仁核平静下来。《国际医学精神病学杂志》（*International Journal of Psychiatry in Medicine*）2009 年刊登的一项研究发现，祈祷可能有助于治疗焦虑和抑郁。[6] 我的几项研究也都表明，冥想可以使情绪脑平静下来，锻炼前额叶。前额叶就是我所说的驯龙者（你可以在第 7 章了解更多关于驯龙者的知识）。冥想作为一种心理训练，是指短时间内将注意力集中在特定的想法、物体或活动上。仁爱冥想是我最喜欢的冥想形式之一，它可以培养对他人的善意和温暖。通过仁爱冥想，人们可以迅速培养积极情绪、减少消极情绪[7]，减轻疼痛[8]和偏头痛的症状[9]，缓解创伤后应激障碍（post-traumatic stress disorder，PTSD）[10]和社会偏见带来的影响[11]，增加大脑情绪处理区域的灰质[12]，并加强人与人之间的社交联系。[13] 以下是仁爱冥想的具体练习方法。

选择一个舒适放松的坐姿，然后闭上双眼，做两到三次深呼吸，呼气时间比吸气时间长一倍。让烦恼、担忧随风消散，只感受呼吸在心脏周围的流转。你可以在坐着的时候，轻念或默念以下话语，或者其他类似的句子：

> “愿我平安无恙。”
> “愿我健康强壮。”
> “愿我保持快乐、坚定意志。”
> “愿我心定神宁。”

这些话语背后的深意，会随着不断重复而深入人心，情感也会变得更加充沛。重复几遍后，你可以用这些话语祝福你想感激的人：

"愿你平安无恙。"
"愿你健康强壮。"
"愿你保持快乐、坚定意志。"
"愿你心定神宁。"

接下来，对你既不喜欢也不讨厌的人重复这些话语；随后，对一个你不喜欢或相处不好的人重复这些话语；最后，对世界上所有人重复这些话语，"愿众生平安"。你可以自己决定冥想的时长，可以是几分钟也可以更长。

策略 3：催眠是一种可以帮助你掌控自己精神的强大工具。很多人认为催眠不过是骗人的把戏，但是斯坦福大学的精神病学家大卫·施皮格尔（David Spiegel）却认为，催眠是"一种可以通过精神控制认知和身体的强大工具"。[14] 学习催眠或学习意象引导、渐进式肌肉放松等相似的方法，都可以提高注意力，使人进入一个放松的恍惚状态。网上有很多指导性的在线资源，都可以拿来自主学习。

世界万物由大脑感知，如果你可以改变大脑接收到的信息，那么你通常就可以快速改变自己的感受。你可以用 5 种感官让情绪脑平静下来：

- 视觉：欣赏自然风光；创建一个能让你感到快乐的图像文件夹。
- 听觉：创建一个舒缓音乐的播放列表，可以加入大卫·兰茨（David Lanz）的《挚爱》（*Beloved*）。
- 触觉：拥抱、按摩、指压，或坐在桑拿房中感受湿度和热度。
- 嗅觉：闻一闻能让人凝神静气的气味，如柠檬、薰衣草、金银花、玫瑰、茉莉花、香草的气味。
- 味觉：尝一尝巧克力、肉桂、藏红花、薄荷、肉豆蔻的味道。

工具 D：每天都对自己说自我肯定的话。比如：

“我的身体是安全的。”
“我的精神是安定的。”
“我的情绪是平静的。”
“我的一切是受到保护的。”
“我把注意力放在呼吸和自己身上。”

受伤之龙：疗愈心灵，重获新生

起源：受伤之龙源于过往的创伤，如身心受创、承受巨大压力，或曾寄人篱下，或经历过天灾人祸、被欺凌或被戏弄。

诱因：任何能让你回想起过往创伤的事物，包括气味、画面、声音、日期等。拿日期来说，像事故、离婚、分手或被解雇等过往创伤发生的日子都可能唤起痛苦的回忆。

卡特·史蒂文斯（Cat Stevens）是我读高中时最喜欢的词曲创作人之一。他的许多歌曲让我印象深刻，映照着我生命中的快乐时光，比如《父与子》（*Father and Son*）、《月影》（*Moonshadow*）、《和平列车》（*Peace Train*）、《狂野世界》（*Wild World*）、《固执的女人》（*Hard Headed Woman*）、《破晓》（*Morning Has Broken*）。而当时，我的妻子塔娜还是个孩子，她药物成瘾的叔叔以及他的狐朋狗友也很喜欢史蒂文斯。所以，史蒂文斯的音乐会让塔娜联想到生命中那段充满焦虑、动荡不堪的日子。50 年后，每当我播放史蒂文斯的歌曲时，我都会感到快乐，但她会感到生气、烦躁。因为这不仅触发了她的受伤之龙，更将受伤之龙转变为愤怒之龙。

反应：受伤之龙经常让人重温创伤，出现闪回、噩梦、麻木、回避等症状，让人对未来悲观，总是警惕坏事发生。就算眼前的麻烦事与过往创伤只有些许相似之处，受伤之龙也会让人感到恐慌。人们会费尽心力地避免自己产生与过往创伤相关的想法或情绪。以下是受伤之龙带来的典型症状：

- 反复陷入对过往创伤事件（如骚扰、事故、火灾等）的痛苦回想。
- 反复梦见过往让人不快的情景。
- 持续回避会让人想起过往创伤事件的活动或者场景。
- 无法想起过去创伤事件的重要方面。
- 参与重要活动的兴趣明显下降。
- 想与他人分开或疏远。
- 感到麻木或束缚。
- 极易受惊。
- 出现过往创伤事件遗留下来的标志性身体反应。

电影：受伤之龙喜欢看治愈系电影，比如《心灵捕手》(*Good Will Hunting*)、《美丽心灵》(*A Beautiful Mind*)、《狮子王》(*The Lion King*)、《灵魂歌王》(*Ray*)、《渐入佳境》(*As Good as It Gets*)。

丹尼尔的受伤之龙：我小时候，家里养了一只漂亮的白山羊，名叫蜜糖。所有孩子都喜欢蜜糖，但它爱啃我父亲种的树。有一天，父亲终于受不了蜜糖再糟蹋他精心栽培的树，把它送走了，这让我们都很伤心。几天后的晚餐上，我们得知一位叔叔宰了蜜糖，他还开玩笑说我们正在吃的烤羊肉串就是蜜糖。多年后，我在一次治疗自己的过程中想起了这件事，哭了很久。这显然就是创伤。

驯服受伤之龙的工具

工具 A：识别生活中的受伤之龙。你有过受伤经历吗？

工具 B：往好的方面看。回忆过去的痛苦和创伤，可以帮助你在未来真正走出来；但是压抑这种回忆，反而更可能重蹈覆辙。我的朋友贾斯汀·雷恩（Justin Wren）是一名终极格斗锦标赛拳手，小时候受过欺凌，还要与抑郁做斗争。后来，他成立了一个叫作“为被遗忘者而战”（Fight for the Forgotten）的基金会，希望让世界上所有被欺凌、被遗忘的人重新振作起来。基金会创办之后取得了不少成果。比如，通过基金会的帮助，刚果丛林中 1 500 名曾被奴役的俾格米人获得了自由，用上了清洁的水源，拥有了可耕种的农场。

创伤后成长（post-traumatic growth，PTG) 是指经历创伤后，有些人会变得更强大。大约有 10% 经历过创伤的人，能够收获创伤后成长。比如，拥有更加深入的精神生活，对生活有了新认识、新展望，获得更加积极的人际关系以及愈发强大的个人力量。

工具 C：运用策略。

策略 1：将神经系统从崩溃边缘拉回正轨。创伤往往会激活交感神经系统（sympathetic nervous system，SNS），引发战斗－逃跑反应，并带来焦虑和害怕的情绪。如果拥有一个健康的神经系统，那么副交感神经系统（parasympathetic nervous system，PNS）就可以平衡交感神经系统，帮助人们冷静下来。两个系统还可以互相协作，帮助人体调控压力水平。

严重或长期持续的创伤，可能使交感神经系统的开关被“打开”，让人们感到焦虑、恐慌、过度兴奋、过度警觉、焦躁不安，甚至失眠、腹泻。这类创伤也可能会“关闭”交感神经系统，让人们感到沮丧、平淡、疲惫、困惑甚至迷失方向。

你需要了解自己的神经系统处在何种状态。如果神经系统处于“打开”状态，那么可以用冥想、祈祷、催眠、意象引导、横膈膜呼吸等方式或服用γ- 氨基丁酸、镁或 L- 茶氨酸等镇静补充剂，让神经系统平静下来。如果你的神经系统处于“关闭”状态，那么可以通过跳舞、打乒乓球等体育锻炼的方式将它重新激活。

策略 2：试试聚焦创伤的认知行为疗法（trauma-focused cognitive behavioral therapy，TF-CBT）。20 世纪 90 年代，三位心理学专家提出 TF-CBT[15]，该疗法旨在帮助创伤幸存者克服焦虑、抑郁、内疚、愤怒、无力的情绪和自虐的倾向，对有创伤经历的儿童、青少年、成人有一定效果。

策略 3：在纸上记录生活故事的好坏两面。不仅要写下经历过的创伤，也要记录快乐的时刻。这种用平衡视角记录生活日常的方法，会帮助你摆脱过去受到的伤害。而这也是心理学中一种独特的疗法，叫作叙事暴露疗法（narrative exposure therapy），可以帮助现在的你，重新感受过往创伤事件带来的情绪。多项研究证明，这种疗法对于治疗心理创伤切实有效。[16]

策略 4：不再逃避面对过往创伤带来的痛苦。因创伤而感到痛苦是很正常的表现，试图压抑往往会适得其反。大量研究表明，压抑负面情绪会加大患心理疾病的风险，包括患创伤后应激障碍[17]、抑郁症[18]、焦虑症等[19]。当你备受煎熬的时候，可以向朋友或心理咨询师求助，也可以把自己的感受写下来。

策略 5：打破过去的枷锁。当患者与受伤之龙搏斗时，打破过去的枷锁是我经常教他们使用的一种方法。这种方法非常有效，可以让人从回忆里走出来。每当受伤之龙在你的脑海里唤起痛苦的记忆时，你可以在纸上写以下问题的答案：

- 你最近一次感到挣扎、痛苦、混乱是什么时候？将细节写下来。
- 你当时有什么感受？描述最主要的情绪。

- 你第一次有这种情绪是什么时候？想象乘上一列穿越时空的火车，回到第一次产生这种情绪的时候，然后详细描述当时引发这种情绪的事件。
- 你能继续穿越、抵达这种情绪的起源地吗？写下情绪起源的细节。
- 如果清楚知道这种情绪的起源，你能否摆脱这种情绪？比如，用成年人或为人父母的心态，重新处理情绪或根据新的信息重构情绪。你要有意识地斩断连接过去的情感桥梁。过去发生的事情属于过去，现在发生的事情才是最重要的。

这就是我在前言中写到的方法，吉米通过这种方法找到了害怕公开演讲的情绪源头。

驯龙 TIPS

Your Brain is Always Listening

把过往的创伤写下来，用现在成人的视角审视那些创伤，像父母一样安抚心底受伤的小孩。

策略 6：应用眼动脱敏与再加工疗法（eye movement desensitization and reprocessing，EMDR）。这种心理疗法有助于减少或消除过往创伤带来的痛苦，是平息创伤最有效的疗法之一。创伤性事件可能会阻碍大脑情绪中心的运转，让它无法像往常一样处理信息。一旦回忆起创伤，人们就会重新体验一遍触发创伤情绪的原始事件，包括那些令人不安的景象、声音、气味、想法和情绪。在治疗期间，治疗师会让患者回忆创伤，然后引导患者的眼球在一段时间内左右移动（或者交替敲打膝盖或手臂）。交替刺激大脑半球，可以让大脑平静下来。[20] 我和凯伦·兰辛（Karen Lansing）开展过一项研究，研究对象是因卷入枪击事件而无法返岗工作的警察。他们之所以无法返岗工作，是因为他们情绪脑的开关被“打开”了。在经过平均 8 次 EMDR 疗程后，他们的情绪脑明显平静下来，所有警察都得以重返工作岗位。[21] 图 1-1 展示了大脑 SPECT 影像显示的 EMDR 治疗前后对比。

策略 7：睡觉时盖一床厚重的毯子。受过创伤的人通常会有失眠症状。研究表明，盖一床厚重的毯子，可以让人感受到自己正处于安稳、可靠的怀抱中，有助于减轻焦虑和失眠症状。[22]

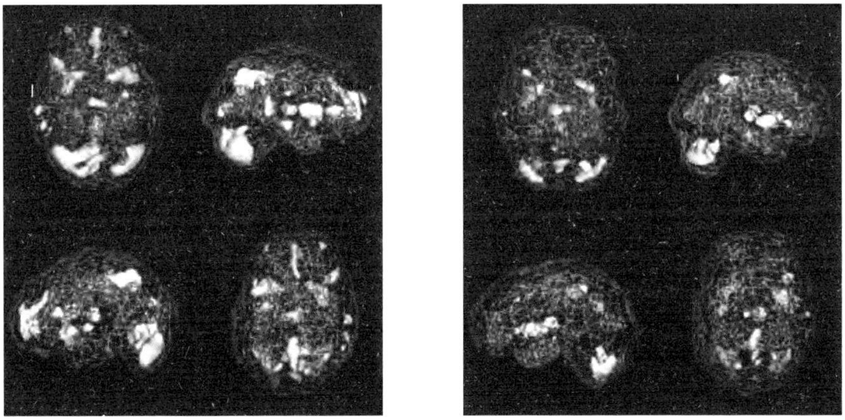

图 1-1　大脑 SPECT 影像显示的 EMDR 治疗前后对比

注：白色代表大脑活动最活跃的区域。

工具 D：每天都对自己说自我肯定的话。比如：

"此时此刻，我是安全的。"

"此时此刻，我拥有我所需要的一切。"

"过去是过去，现在是现在。"

"我放下了那些创伤、折磨和悲伤。"

"寻求帮助不是弱小，而是有力量的象征。"

羞耻之龙：放下自责，接纳自我

起源：你在一个充满负罪感的文化环境中长大，曾被人羞辱、为难、贬低或批

评。许多拥有严格的道德教义、规则、法律的宗教与文化，也会带给人这种经历；因为羞耻感是一种可以迫使人服从的强大力量。

诱因：重视之人的否定，如父母、配偶、老板、同事或领导。

反应：羞耻之龙会让你感到内疚、痛苦、不安，过度敏感或觉得自己愚蠢、容易屈从于他人。这类恶龙还会让你想要躲藏、退缩甚至偷偷进行自损行为，比如成瘾、暴饮暴食等。这些恶习本身可以演化为恶龙，也可以成为孕育焦虑、抑郁、强迫思维的种子。

电影：这类恶龙喜欢取笑传统的电影，比如《陆军野战医院》(*M·A·S·H*)、《帮助》(*The Help*)、《拜见岳父大人》(*Meet the Parents*)。

丹尼尔的羞耻之龙：尿床的记忆不仅会唤醒我的焦虑之龙，还会触发我的羞耻之龙。但是会触发我的羞耻之龙的并不只有尿床这一件事。在我六七岁的时候，有一次，我对母亲撒了一个谎。我记不清具体是什么事了，只记得母亲发现真相后哭着对我说："我从没想过我会有一个将来要下地狱的儿子。"母亲通常会对我说一些鼓励性的话，但那一刻她所说的话，很长一段时间一直压在我心底。

长大后，父亲说我是一个特立独行的人。但这对他来说可不是一件好事，因为这样的我不会服从他所有的命令，也不会让他称心如意。我是一个好奇心十足的孩子，每当与父亲想法不同时，我都会向他抛出自己的疑问。后来，我才了解到一件颇为有趣的事，那就是父亲也曾被许多杂货行业的同行贴上特立独行的标签。

羞耻之龙曾经让我困在一段既不幸福也不健康的婚姻中，一困就是 20 年。但是早在结婚一年后，我就知道这段婚姻不会长久。然而，受到从小耳濡目染的文化和宗教的影响，我没有办法面对离婚带来的羞耻感。

不过，我的特立独行在其他领域发挥了作用。比如，当我发现自己在从事精神科医生工作中存在不足时，我就会努力尝试用新的思维方式解决问题。虽然这种特立独行的做法，曾经引来同事们的针锋相对。但是，我从小就有过被哥哥打以及反抗父亲的经历，这些经历能够帮助我应对职场的负面冲击，让我能够在人生中做一些特别的事。

驯服羞耻之龙的工具

工具 A：识别生活中的羞耻之龙。你是否经常觉得羞耻感会支配你的行为，让你做出与自身价值观不符的事情？羞耻感会阻止你过上自己想要的生活吗？

工具 B：往好的一面看。诚然，人应该有所为而有所不为。为了更崇高的社会利益，道德必不可少，这也是规则和法律存在的原因。如果羞耻感能够帮助你实现人生目标，那这种情绪就是有益的；但是，如果羞耻感让你感到难过、渺小或与世隔绝，那这种情绪就是有害的。

羞耻感可以激发人们萌生出学习、成长以及变得更好的愿望。它除了可以帮助个人减肥、克服成瘾，还有助于维护社会秩序，因为人一旦没有羞耻感，就可能会做出无耻的行为。同时，羞耻感可以推动我们与他人重建联系、实现和解；并且还可以及时做出提醒，防止我们因冲动做出不理性的行为。

工具 C：运用策略。

策略 1：摆脱内疚。你要搞清楚羞耻感什么时候对你有益，什么时候对你无益。羞耻感或与之相关的想法可以帮助你改变生活中伤害你的事物，还是反而会伤害你，让你觉得自己是一个缺德、邪恶或失败的人？如果羞耻感对你无益，那就断绝这种情绪或想法。在我父亲晚年的时候，我想过自己应该去看看他。但是这种“应该”的想法，让我感觉糟糕透顶。把内疚作为采取行动的动力，并不是一个好办法。我教给患者的一个方法是，把“我应该做某件事”，替换为“我的目标是做某件事”或者“我想要做某件事”，然后看看做这件事的意愿是否产生了变化。比如，如果你常常想着“我应该完成这项工作报告”，那请你把这个想法转变为“我想要完成这项工作报告，因为这会帮助我拿到我期望的升职机会”。这样一来，你将更有动力去完成工作。另外，如果做某件事与你的总体目标不符，那就把这件事从你的待办事项中删除吧，这样可能会让你变得更有力量。拿我自己来说，当我开始对自己说“我想见我的父亲”这句话时，我变得更频繁地去看望他。如今父亲已经作古，但我非常感激我们一起度过的那段时光。

策略 2：认识到过去就是过去。人的行为非常复杂，远超大多数人的想象。人人都会犯错，这是学习和成长的一部分。我们不应该被错误打倒，而应该从中吸取教训，然后继续前进。

策略 3：回顾童年。看看羞耻之龙的起源是否合理，是不是他人在利用羞耻感控制你的思想或行为。请用充满爱和同情的眼光，重新看待小时候的自己。想想慈爱的父母会如何对待那时的自己，这是自我疗愈最好的一种方式。

策略 4：反思羞耻感的触发因素。羞耻感有很多常见的触发因素，包括来自学校或职场的建设性批评、说教，父母的训斥，伴侣的严厉批评，抑或是岳母尝了一口你为家庭聚餐准备的食物，脸上却露出失望的神情，等等。每当你感到羞耻时，闭上双眼，想象第一次让你出现羞耻感的事件，然后看看这些事件之间是否相互关联。

策略 5：与他人谈谈你的羞耻感。越是隐藏羞耻感，越会扩大它的影响力；积极面对羞耻感，才能让它失去力量。与他人分享，不仅可以让你摆脱负面想法，还可以帮助大脑向前看，把羞耻感留在过去。

策略 6：练习宽恕自己与他人。我在后文会讲述宽恕的技巧。有时候，原谅自己比原谅别人更难。你如何善待他人，就尝试着同样地善待自己。

工具 D：每天都对自己说自我肯定的话。比如：

“每一天，我都对过去犯下的错误感到更加平静。”

“我努力吸取过去的教训。”

“我可以也能够放下任何困扰我的羞耻感。”

“我会把‘我应该这样做’替换为‘这样做是否符合我的总体目标’。”

“过去是过去，现在是现在。”

权欲之龙：追求平衡，非过度掌控

起源：这类恶龙拥有“特殊”的地位，存在于家中最受宠的孩子中。父母非常偏爱你，认为你不会犯任何错误，从来不会拒绝你的任何需求，甚至直到今天仍然这样对待你。关爱你的长辈不希望你承受任何痛苦，所以他们替你包办一切，甚至会帮你完成家庭作业。最终，你产生了一种被人为抬升的权力意识。在我治疗过的一些年轻音乐家和演员中，就有这种类型的人。他们年少成名，自觉与众不同。他们也确实与众不同，但是这种想法并不利于他们的发展。

诱因：你无法如愿，别人想让你承担责任，你觉得自己没有被特别对待。

反应：对他人缺乏同情心，认为别人不重要，很容易切断与他人的联系；容易发脾气、生气，举止粗鲁，急切需要他人的关注，或产生一种没被公正对待的愤怒。“你欠我……”“我应该得到……”“这是他们的错……”之类的话经常挂在嘴边。

电影：这类恶龙喜欢看有关较量的电影，比如《华尔街之狼》(*The Wolf of*

Wall Street）、《猫鼠游戏》（*Catch Me If You Can*）、《穿普拉达的女王》（*The Devil Wears Prada*）、《危险性游戏》（*Cruel Intentions*）、《心机女孩》（*Mean Girls*）以及《我恨你的10件事》（*10 Things I Hate About You*）。

丹尼尔的权欲之龙：心理学家约翰·汤森德（John Townsend）博士曾说，"特权"背后隐藏着两种信念。一是"我本人不承担任何责任"；二是"我应该得到特殊待遇"。这些信念会带来疏离感和挫败感，最终摧毁享特权之人的未来。儿时，我并没有产生权欲之龙。不过，我的名字是以祖父的名字起的，祖父是我成长过程中最好的朋友，他让我觉得自己很特别。

多年后，当我成为一名医生和畅销书作家，我确实有过一段非常自负的时光。当时，只要我没有得到自认为应得的东西，我就会在工作中或家庭生活中做出消极的反应。但其实，这是羞耻之龙可以驯服权欲之龙的时刻。

驯服权欲之龙的工具

工具A：识别生活中的权欲之龙。你会经常期望自己成为人群中的焦点，觉得他人应该为你服务，或认为很多日常活动都不值得你去参加吗？

工具B：往好的一面看。只要不伤害他人，不感觉自己很特别，并一直为自己叫好鼓劲，权欲之龙可以帮助你建立自我价值感。

工具C：运用策略。

策略1：对自己的人生负责。承担责任不是承认错误，而是具备做出正确反应的能力。所以，可以把"我应该得到……"这样的话，改为"我对……负责"。

策略2：请留意帮助他人获得成功的感觉有多好。

策略 3：试着从他人的角度看待事物。

策略 4：注意为自己娇惯行为找理由的时刻。

策略 5：少和那些感觉自己有特权的人在一起。

工具 D：每天都对自己说自我肯定的话。比如：

“我是特别的，我身边的每一个人都是特别的。”
“我对自己的幸福负责。”
“我会鼓励他人获得成功。”
“我会从他人的视角看待事物。”
“飞扬跋扈于我的幸福和快乐无益。”

责任之龙：担当而不负重担

起源：你认为自己对他人的痛苦或处境负有责任。这通常是因为你觉得自己无力帮助你关心的人，比如正在受苦的父母或者兄弟姐妹。产生责任之龙的另一种情况是，你觉得自己非常渺小，解决别人的问题会让你感觉自己很重要。孩子们相信自己是宇宙的中心，所以，如果有好事发生，他们会认为是自己的功劳；但如果他们所爱的人遭遇不幸，孩子们也会产生不理性的想法，即认为恶果由自己造成，自己需要对此负责。

诱因：你发现他人需要帮助。

反应：这类拥有相互依存属性的恶龙，既是问题解决者，也是他人看管者。它们会让你为他人付出过多，让他人依赖你。最终，这会让他人滋生出特权感和怨恨感，导致双方关系失衡，并且给你带来长期的压力。

电影：这类恶龙喜欢看治愈系电影，比如《无语问苍天》（*Awakenings*）、《普通人》（*Ordinary People*）、《再生之旅》（*The Doctor*）以及《心灵点滴》（*Patch Adams*）。

丹尼尔的责任之龙：当我 18 岁成为一名步兵军医时，我获得了一种意义感。当我觉得自己要对他人的幸福负责时，我逐渐发现，如果我做得太多，就会让他人产生不必要的依赖，反而让彼此都压力倍增。我的妻子塔娜说，我是想要拯救世界。5 年前，塔娜的姐姐和姐夫因为药物滥用被剥夺了对他们两个女儿的监护权。我的责任之龙让我感到非常不适。尽管我并不认识这些侄女，但是一想到孩子们远离父母会感到害怕、孤独、无人疼爱，我就特别为她们担惊受怕。这件事让塔娜和我的关系变得格外紧张，因为塔娜一直有意与她的姐姐和姐夫保持距离。最终，我们一起找到了解决方案，即帮助侄女们的父母变得更健康。现在，侄女们与我们同住，她们给我们的生活带来了快乐。

驯服责任之龙的工具

工具 A：识别生活中的责任之龙。你容易承担过多的责任吗？

工具 B：往好的一面看。责任之龙可以带来很多好处：你能够为他人提供帮助，能够负起责任，并让他人欠下你的人情债；你为群体做出的贡献，会让你成为群体的一分子；做好事还可以减轻肉体的痛苦。[23] 另外，帮助他人是一种无私的行为，但这种行为也会帮助到你自己。

工具 C：运用策略。

策略 1：要意识到，为他人做得过多会让人产生依赖性，阻碍他人自给自足。要在授人以鱼和授人以渔之间找到平衡。

策略 2：明白照顾自己不是自私自利。记得空乘在飞机上说过："如果氧气面罩落下，请先佩戴好自己的面罩。"你应该像照顾他人一样，优先考虑、照顾自己，包括给自己设置平衡健康的限制。你的能力是有限的，你需要接受这些限制；否则，你会逐渐筋疲力尽，极易怨恨那些你帮助的人，认为他们过分依赖你，只会无穷无尽地占用你的时间。

策略 3：评估你生活中的人。约翰·汤森德博士在《人类燃料》(*People Fuel*)一书中，列出了你生活中会面对的 7 类人：

- 教练（导师）。
- 志同道合的人（非常亲密的朋友和亲人）。
- 一起放松的人（朋友）。
- 一起共事的人（同事）。
- 需要关心的人（依靠你生活的人）。
- 慢性病患者（总是会出现问题的人）。
- 污染者（由愤怒之龙操控、渴望伤害他人的人）。[24]

尽你所能与生活中的污染者断绝联系，并多结交前 4 类人。这也是自我照顾的一部分，可以帮助你更好地平衡生活。

厘清自己过去对他人付出的责任。尝试找出你责任之龙的来源，并与那些经历和解。你也可能需要专业人士帮助你接受自己的过去。

工具 D：每天都对自己说自我肯定的话。比如：

“爱人如己，就是要照顾好自己，这样才能去爱别人。”
“乐于助人，只要能帮助他人变得能干和独立。”
“施胜于受，只要给予不会造成过度的依赖。”
“与人分担，这样自己就不会负担过重或筋疲力尽。”
“尽我所能，并相信他人也会得到上天的照顾。”

愤怒之龙：安全地释放负面能量

起源：你被伤害、羞辱、欺凌、虐待，或者你认为自己被伤害、被羞辱或令人失望。他人会模仿你的愤怒行为。你受到的挫折和伤害也可能会创造新的愤怒之龙。

诱因：任何让你想起有关伤害、羞耻、欺凌、虐待或者失望的过往经历；他人的言语让你喘不过气，或者他人想让你为某事负责。

反应：你会出现非理性的愤怒表现，常常感到烦躁、挫败，甚至出言不逊。同时你可能还会用行为来表达你的愤怒，比如出现欺凌、贬低、恼人、反叛、责备、打架、惩罚、辱骂或阻挠他人的行为。愤怒之龙出现前，会有常见的预警信号，包括心率加快、出汗、双手冰凉、肌肉紧张（尤其颈部肌肉会发紧），并伴有出现鸡皮疙瘩、头晕或者精神错乱的症状。

电影： 愤怒之龙爱看会给他人带来恐惧、痛苦的恐怖电影，比如《闪灵》（*The Shining*）、《大白鲨》（*Jaws*）、《万圣节》（*Halloween*）、《德州电锯杀人狂》（*The Texas Chainsaw Massacre*）以及《沉默的羔羊》（*Silence of the Lambs*）。

丹尼尔的愤怒之龙： 我父亲喜欢在假期拍摄家庭影像。直到我 6 岁左右，在大多数家庭影像中，我的哥哥总是在推我或打我。我块头小，年纪也小，总是处于劣势。大约 7 岁的时候，哥哥发现我这个出气筒可以成为一个很好的玩伴，于是我们开始在一起做更多的事情。但是 6 岁以前哥哥推我、打我的经历在我的人生中创造了愤怒之龙，让我警惕那些试图伤害我的人，并对那些伤人者感到愤怒。

驯服愤怒之龙的工具

工具 A：识别生活中的愤怒之龙。 你多久会出现在愤怒之龙支配下的反应？

工具 B：往好的方面看。 愤怒可以推动我们朝目标前进，帮助我们越过障碍、释放压力、表达情绪、纠正错误。愤怒也可以转化为自信，可以提供能量，赋予我们掌控感，还能让我们意识到不公正的存在。

工具 C：运用策略。

策略 1：当你生气时，列出 10 件要做的事情来分散自己的注意力。哪怕只有几分钟，也能给你的大脑腾出空间，做出更恰当的反应，比如：

- 有意识地专注于针对当下情况设定的目标。
- 能够意识到愤怒爆发前，自己身上发出的危险信号。而当你接收到这些信号时，在两分钟内，深呼吸 10 次（吸气 3 秒、保持 3 秒、呼气 6 秒、保持 1 秒）。我保证，你在深呼吸后，能够用更有效的方式表达自己的感受。
- 如果你觉得无法与他人顺畅交流或无法控制自己，那就先休息一下，可以走出家门、挂断电话或重新安排会议。

- 听听舒缓的音乐。
- 用散步或运动的方式，释放多余的能量。
- 冲个澡或泡个澡，把负面情绪洗刷干净。
- 记录并评估你脑海中的消极想法，把它们赶出去。
- 携带一个薰衣草香囊，在感到心烦意乱时，就对着它深呼吸 5 次，让香气浸润脾肺。
- 吃点健康的零食，以防因低血糖而感到饥饿。
- 小睡一会儿，以免睡眠不足。

策略 2：如果表达愤怒是为了积极、妥当地解决当下的问题，那么这种愤怒是有意义的。当你感到愤怒时，扪心自问是当下的问题让你动怒，还是很久以前的问题触怒了你。如果你的愤怒来自过去，那请努力用安全、克制的方式表达愤怒。尽量将这种愤怒对准最初引起问题的人，这样一来，你才可以与他们和解，并摆脱压抑多时的愤懑。在这个过程中，你可能需要心理健康专家的帮助。如果你的愤怒来自当下，那可以先让自己平静下来，然后想方设法用建设性的方式表达你的担忧。

策略 3：知道什么时候应该寻求帮助。大脑系统受损或功能失调，有时也会带来愤怒的情绪。如果你已经让自己平静下来，并觉得愤怒与当前所要解决的事情无关，那么利用脑成像技术有可能帮助你确定是否有未被发现的脑部问题，比如，潜在的创伤性颅脑损伤、颞叶出现问题或额叶“昏昏欲睡”，这些都可能会让你感到愤怒。

工具 D：每天都对自己说自我肯定的话。比如：

“我用他人可以听见的方式，表达自己的愤怒。”
“如果我的愤怒伤害了他人，我会承担责任。”

“我会用恰当的方式发泄愤怒。”

“我不会用愤怒来恐吓他人。”

“我会用语言而不是拳头来表达愤怒，除非我爱的人受到了威胁。”

评判之龙：理解他人行为背后的原因

起源：你的成长环境让你受到了伤害，或者让你感到生活并不公平。你身边的人心存偏爱，说一套做一套，把你排除在活动和重要决策之外。

诱因：你为自己或他人感到不公，或者你目睹别人在做你认为是错误的事情。比如，弗洛伊德之死与少数警察的行为有关，但很多人以此为据，不公平地评判起所有警察。再如，尽管大部分为弗洛伊德鸣不平的人是以和平的方式进行抗议，但还是有人武断地评判所有抗议者，指责他们是引发骚乱、抢劫的始作俑者。

反应：居高临下地对待他人，或者对他人进行批评、说教、纠正，告诉他人该想什么、该做什么。

电影：这类恶龙喜欢看复仇电影，比如《第一滴血》（*Rambo*）和《飓风营救》（*Taken*）系列电影，尤其喜欢看《守法公民》（*Law Abiding Citizen*）。

丹尼尔的评判之龙：家里 7 个孩子中，我排行老三。所以，我的内心一直有一种竞争意识，想获得更多关注，让自己显得更重要，并在与公平和评价相关的事情上胜人一筹。成年后的 30 年间，我一直不断努力提升自己在精神病学专业领域的能力，尝试通过脑成像和自然疗法来治疗脑部疾病。我的做法招致大量批评，而批评又唤醒了我的评判之龙，让我变得对同事过于苛责。

我的妻子塔娜身上也有评判之龙。我们初次见面时，她就表露出对犯罪行为的强烈反感。面对罪犯，她仿佛就是法官、陪审员。我曾在寻求判处死刑的谋杀案审判中为辩方作证，她得知后，一度怀疑我的精神是否正常。后来，当她逐渐了解我在脑成像方面做的工作，她的心变得柔软，评判之龙也不再那么极端。尽管她仍然觉得很多罪犯都应该被判处死刑，但现在她更愿意看一看证据了。

拉里·金（Larry King）在美国有线电视新闻网（CNN）工作时，他的制片人曾给我打电话，希望我能出席一档讨论圣弗朗西斯科湾区某个犯罪案件的节目，谈谈我对罪犯脑成像的研究工作。因为我的办公室在奥兰治县，为了下午 5 点赶到位于洛杉矶的好莱坞的摄影棚，我不得不开车前往。由于洛杉矶是全球交通最糟糕的地方之一，我让塔娜和我一起去，这样就可以使用拼车车道①。但是，当塔娜知道我上拉里节目的原因时，整个往返旅程，她的评判之龙都在向我喷火。

驯服评判之龙的工具

工具 A：识别生活中的评判之龙。你倾向于快速对他人做出评判吗？

工具 B：往好的一面看。评判之龙可以让你获得掌控感，帮助你阐明自己的价值观和目标，同时纠正错误、保护受害者。它们还能指引你的行为，让你做出符合社会利益的选择。和愤怒一样，如果评判是为了解决当下的问题，且以恰当的方式进行，那么这种评判是有积极作用的。

工具 C：运用策略。当你要评判他人时，先问自己几个问题。你进行评判，是为了解决现在的问题，还是为了纠正过去的错误？你是否掌握了所有的事实，还是

① 美国拼车车道是交通管理中的一种大容量通道，只供车上至少有两人的车辆使用，单人驾驶不得使用该车道。——译者注

在不明真相的情况下，就对他人做出假设性评判？

策略 1：践行宽恕。弗吉尼亚联邦大学的心理学家埃弗里特·沃辛顿（Everett Worthington）长年研究宽恕，提出了关于宽恕的 REACH[25] 模型：

- 回忆伤害（recall the hurt）：以不同的方式回忆创伤，不再怀揣受害感或怀恨在心。这种做法会让你从加害者的视角审视问题。
- 产生共情（empathize）：用从他人视角出发的积极情绪取代消极情绪。尝试把自己带入加害者的角色，想象加害者的感受。
- 利他的礼物（altruistic gift）：把宽恕作为礼物，送给伤害过你的人。想想你曾经也冤枉过别人，好在对方原谅了你，让你感到如释重负。那就是别人送给你的宽恕之礼。
- 承诺原谅对方（commit to the forgiveness）：公开表达宽恕，可以重塑内心感受，还可以通过仪式来巩固这种感受，比如写下一份宽恕证明，或者在手上写下一个代表冒犯的词语，然后把它冲洗掉。
- 保持宽恕之心（hold on to the forgiveness）：当你遇到冒犯你的人时，愤怒和恐惧可能会涌上心头，这时你可能会担心自己并没有真正原谅对方。但其实这只是一种身体的警告性反应，提醒你要小心，并不代表你没有宽恕对方。

策略 2：保持好奇。在你草率地评判他人前，想想他们的行为背后有什么原因。他们今天过得很糟糕吗？是刚被解雇，还是刚发现所爱之人罹患癌症？他们的生活环境是否杂乱不堪，让他们长期倍感压力？给别人贴上举止粗鲁、毫无风度的混蛋标签，是一件很容易的事；但问问他们为什么会有这种表现，却并不那么容易。

你可能会用批评他人的方式，让自己感觉更好。当你发现自己想要诋毁别人的成就时，你得意识到这些想法可能是出于嫉妒，然后重新审视这些消极的想法，并将注意力转向那些让自己骄傲的成就，避免与他人比较。

策略 3：只评判行为，不评判人。一个错误就能让人变成坏人吗？我们都做过蠢事，但没有人愿意只在自己最糟糕的时刻被他人评判。试着退后一步去看一个人的整体素养，而不是只关注他身上的缺点或某个特定的行为。

策略 4：走出自己的舒适圈。如果你急于评判他人，那很可能是因为这些人处在你的社交圈之外，你对他们并不熟悉。体验新环境，结识与你有不同经历的人，可以让你更好地理解他人，更有同情心，还可以帮助你接受人与人之间的差异，而不是评判他人。

工具 D：每天都对自己说自我肯定的话。比如：

> "我用理解取代评判。"
> "我不再评判他人，这让我感到身心舒畅。"
> "我对受苦之人报以同情，而不是在他们的伤口上撒盐。"
> "我本人就是我想在这个世界上看到的榜样。"
> "我会促进和平，这样世界就会多一份和平。"

死亡之龙：规划清单，向死而生

起源：死亡之龙总是与我们同在，经常在人到中年时开始活跃，比如，当你的伴侣为了一个更年轻的人离你而去，当你的健康出现问题，当你的父母或朋友的父母离开人世，当你开始参加葬礼。你会想这是否就是生活的全貌，于是就产生了中年危机。而当你不得不面对死亡，你的中年危机可能会更早到来。突发事故，确诊癌症等危及生命的重病；高中友人、父母或兄弟姐妹身患重病等，都可能让你直面死亡。死亡之龙的能量来源，还包括人们忧心忡忡的想法。比如，害怕变老，忧虑青春不再；觉得生活没有意义；担心没有自己，他人就无法生存或成长。

诱因：疾病、葬礼、事故、失去朋友或亲人、照镜子时发现皱纹或其他衰老的迹象。

反应：浑身充斥着一种无所不在的厄运感，恐惧症发作，害怕衰老和死亡。恐惧、焦虑可能会演变为身体疾病，如高血压、心脏病和肠胃疾病。这类恶龙还会诱导人们做出冒险行为，在死亡边缘游走。

电影：这类恶龙喜欢看让人对转世或来世充满希望的电影。比如，《天堂真的存在》（*Heaven Is for Real*）、《人鬼情未了》（*Ghost*）以及《在天堂遇见的五个人》（*The Five People You Meet in Heaven*）。它们还喜欢看庆祝衰老的电影，像是《哈洛与慕德》（*Harold and Maude*）、《遗愿清单》（*The Bucket List*）、《为黛茜小姐开车》（*Driving Miss Daisy*）、《茧》（*Cocoon*）以及《金色池塘》（*On Golden Pond*）。

丹尼尔的死亡之龙：我成长在一个有宗教信仰的家庭，家中的话题少不了死亡和来世。当我还是一名步兵军医时，我在自己开着的救护车上，第一次近距离地见证了死亡，这让我倍感沉重。大学期间，我选修了一门名叫“死亡与临终”的课程，我们在课上研究死亡，我还为自己写了讣告。这门课程让我明白一个事实，那就是每个人都会面临死亡。但是，如果以必有一死的心态去过每一天，那么我们就会更有动力充分利用好每一天。当我的祖父和父亲去世后，我努力活在当下，把每一天都过得更有意义。

驯服死亡之龙的工具

工具 A：识别生活中的死亡之龙。你的脑子里是否塞满了关于变老、生病或死亡的焦虑想法？你会用危险的行为试探死亡吗？

工具 B：往好的方面看。知道自己必有一死，可以让你活得更有意义、更有规划，更努力地创造留给后人的财富。珍惜每一天可以帮助你处理好人际关系，让你学会倾听并将心比心，而不是闷闷不乐、忽视问题甚至怀恨在心。

工具 C：运用策略。接受死亡是世间生命的自然一环。精神病学家伊丽莎白·库伯勒–罗斯（Elisabeth Kübler-Ross）博士在《死亡：成长的最后阶段》(*Death: The Final Stage of Growth*）一书中写道："人们之所以过着空虚、没有目标的生活，一部分原因是否认死亡的存在。当你抱着永生的心态生活时，推迟必做之事变得易如反掌。"[26]

策略 1：列出你一生中想要完成的事情。这些事情一定要有意义。你可以挑选与你的价值观相符且对人际关系有益的事情。

在照顾好自身健康和家庭、过好今天的基础上，专注于那些具有永恒价值的事物。因为这些事物不仅拥有超越当下的价值，也将支持你实现自己的人生目标。我常常会问自己，做这件事是否会带来永恒的价值？这种做法，让我不会为小事困扰。长此以往，我发现生活中的大部分事情不过是小事而已。

策略 2：列出与死亡有关的好处。以下是我为自己的死亡列出的部分好处：

- 我有望与父亲和祖父重逢。
- 我再也不会经历堵车。我住在洛杉矶附近，堵车对我来说是件大事。
- 我再也不会被网络暴力攻击。
- 我再也不用纳税。
- 我再也不会收到垃圾邮件。
- 我再也不用刮胡子，不用处理偶尔的刮伤出血问题。
- 我再也不用刷牙，再也不用面对有人拿锋利的金属物体捣鼓我口腔的时刻。

- 我再也不用做根管治疗。
- 我再也不用经历电脑死机、浪费一小时工作成果的崩溃事件。

工具 D：每天都对自己说自我肯定的话。比如：

"我要过有意义的生活。"
"我要活得充实而无畏。"
"我要全力以赴地过好今天。"
"去做有意义的事情，别做无意义的事情。

悲伤之龙：让健康带动心态

起源：悲伤之龙随处可见。失去重要的人（比如，遭遇死亡、分居、离婚、爱情或友情破裂让你失去伴侣或朋友，伴侣身患痴呆症、自己患上空巢综合征无人沟通等），失去重要的事物（比如，切除乳房、截肢，或者失去工作、金钱，遗失心爱的宠物等）或者执念于未来可能发生之事（比如，退休后身份的转变、爱人有成瘾症状、成功化作泡影），都可能让悲伤之龙现身。

任何死亡都会引发悲伤和失落的情绪。无论是面对有心理准备的死亡，如年迈父母辞世，还是面对毫无心理准备的死亡，比如孩子猝然离世，抑或宠物身患绝症。其中，亲人自杀将引发格外严重的悲伤情绪。虽然有人认为自杀只是一种个人选择，但实际上，让人自杀的罪魁祸首往往是看不见的脑部疾病。

多年来，作为一名儿童精神科医生，我接诊过许多他们的父母患有孤独症、学习障碍或注意缺陷多动障碍的孩子。他们的父母在痛苦的漩涡中挣扎，懊悔过去的行径，想着如果当初换一种做法，就可以避免现在的悲伤和痛苦。我还接诊过很多年轻的高人气演员、音乐家和运动员，他们有时候会为失去自己的青春期而自怨自艾。他们对工作异常投入，以至于认为自己错过了一段无忧无虑、欢乐有趣的时光。我提醒他们，很少有人真正喜欢自己的青年时期，他们是幸运儿，能在青年时期通过努力工作取得成功。看待事物的角度不同，心态也就不同了。

诱因：任何会让你想起失去经历的人或事物，可能是一个场景、一首歌曲、一个日常的习惯（如早上煮咖啡）。比如，每当我看到母亲时，对父亲的记忆就会瞬间涌入我的脑海。

反应：震惊、悲伤、麻木、自我否定、绝望、愤怒、内疚、孤独、无助、渴望、焦虑，甚至呼吸困难、胸痛、失眠或记忆力减退。海马是大脑的主要记忆中心之一，慢性压力会让海马收缩，抑制免疫系统，使人体更容易感染病毒。

电影：振奋人心的电影能把这类恶龙从消极的情绪中解救出来，帮助它们忘记烦恼。比如《灵魂冲浪人》（*Soul Surfer*）、《烈火战车》（*Chariots of Fire*）、《血战钢锯岭》（*Hacksaw Ridge*）、《八月迷情》（*August Rush*）、《音乐之声》（*The Sound of Music*）、《坚不可摧》（*Unbroken*）、《肖申克的救赎》（*The Shawshank Redemption*）。

丹尼尔的悲伤之龙：当你 66 岁（也就是我写这本书的年纪）时，你可能已经有过很多次悲伤和失去的经历，可能是经历离婚、看着孩子长大成人又远走高飞，抑或是与他人关系破裂，面临失业、职业挑战等。祖父去世的那天，是我人生中最糟糕的一天，我哭了很久。许多年后，每当我想起他，眼泪就会不由自主地落下来，写到此处时也不例外。祖父去世 30 年后，有一回，我和当时刚认识不久的塔娜一起旅行。高速公路的交通十分糟糕，我们换了另一条路，却碰巧途经祖父的墓地。当我意识到祖父的遗体就在几百米之外时，我已泪流满面。接下来的旅途中，我向塔娜讲了一路关于祖父的故事。父亲过世时，我又一次体会到失去的感觉。

驯服悲伤之龙的工具

工具 A：识别生活中的悲伤之龙。这类恶龙通常很容易被发现，它们往往伴随损失而来，可能是一个重大的损失，也可能是很多个相对小一点的损失。比如，如果你失去了一份工作，那么你就会失去收入和福利，失去在职场上建立的人际关系以及未来的职业规划。这些“失去”加在一起，就会召唤悲伤之龙。

工具 B：往好的一面看。只有经历过失去的人才会优先考虑健康。过去 40 年，我从祖父的关爱中感受到快乐，又从祖父的离世中体会到悲伤，这让我经常会问自己两个重要的问题：一是我怎样才能像祖父爱我一样去爱别人？与他人互相关爱、紧密联系，对社会有用且乐于助人，是否就是生活的真谛？二是我怎样才能更好地保护自己的大脑，好让自己有更长久的时间关爱家人、保持独立并从事喜欢的工作？父亲去世后，我更有动力投身于帮助人们保持大脑健康的事业。

悲伤之龙会让人重新认识人生意义并重新规划人生目标。作为一名精神科医生，我的目标是帮助有需要的人，而不是受到同事的爱戴。专注工作，忽略那些不认可的声音，会让人如释重负。

悲伤不仅会让你打开心扉、安慰他人，也会让你珍惜生命中的每时每刻和重要的人。有一次，在我失去一段很重要的关系后，我的朋友说我的心反而打开了。她的话很有道理。你的一部分随着亲人的离世而消失，但是他们的一部分也跟着你留在了这个世界上。祖父和父亲一直与我同在，每当我抱着 5 个孙辈时，我能感觉到他们二人也在抱着我。

工具 C：运用策略。

策略 1：尽快开始治疗。人们可能会告诉你，慢慢从悲伤中走出来就好。但如果你摔断了手臂，你会什么时候开始治疗？答案是立刻！这并不代表你会快速康复，但是要想康复总得走出第一步。伊丽莎白·库伯勒－罗斯博士认为悲伤有 5 个阶段：否认、愤怒、讨价还价、抑郁、接受。无论你处于哪个阶段，当你意识到自己陷入悲伤后，请至少尝试以下的一种方法开始自我疗愈。父亲去世后，我每晚都会和社交媒体上的“粉丝”实时聊天。公开讲述痛苦经历，是我自我疗愈的第一步。对我来说，这是一种很好的情绪宣泄方式。我也很庆幸，自己能够帮助他人在亲人离世后整理好情绪。

策略 2：颠倒悲伤 5 个阶段的顺序。与其经历否认、愤怒、讨价还价、抑郁、接受这五个阶段，不如先承认失去，把情绪平静下来，告诉自己不要为无法改变的事情讨价还价，然后重启社交、避免抑郁，并认识到长期承受痛苦不是理所应当的事情。

策略 3：保持有利于大脑健康的日常作息。摄入有益于大脑健康的食物、补充营养、锻炼身体、保证睡眠，是帮助人们走出悲伤的重要环节，却常常被人们忽视。当感到痛苦时，人们会想方设法地进行止痛，比如，暴饮暴食、酗酒以及用其他可以暂时缓解痛苦的恶习，但是这类行为通常只会延长痛苦的时间。

策略 4：解决睡眠问题是关键。悲伤经常会偷走人的睡眠。请在医生的指导下改善由悲伤引发的睡眠问题。失眠会减少大脑前额叶的血流量，而大脑前额叶是发送信号让情绪平静下来的区域。当大脑前额叶的血流减弱时，你很可能会情绪失控，很难做出正确的决定。

策略 5：考虑摄入缓解生理疼痛的补充剂。失去和被拒绝的痛苦，会在大脑的某一区域被感知，这一区域与生理疼痛被感知的区域一样。由于藏红花、S– 腺苷基甲硫氨酸、姜黄素、镁、ω-3 脂肪酸等补充剂可以缓解生理疼痛，所以它们或许也可以用来缓解情绪上的痛苦。

策略 6：警惕蚂蚁大军的入侵，尤其是内疚、指责品种的蚂蚁。

策略 7：写下发生过的故事。连续 4 天、每天花 15 分钟写这个故事，确保同时列出这个故事中人物的正面情绪（如“他不用再受苦了”）和负面情绪（如“我非常想念她，我的心很痛”）。写作不仅可以帮助青少年释放悲伤[27]，还被证明可以缓解孤独，改善情绪。[28]在一项研究中，研究人员让因意外或谋杀而失去亲友的人，连续4天、每天花15分钟写下自己的故事。一组人员围绕痛失亲友的经历书写，对照组人员则记录一些无关紧要的琐事。研究结果显示，写下失去体验的人比记录琐事的人，更少出现焦虑和抑郁症状，能够更快地走出悲伤。[29]写作时，要将任何没有说出口的话或没有完成的事情记录下来，这样它们就不会在你的脑海中盘亘。你也可以与别人谈心，谈谈你希望未来生活中有所改变的事物，这样你就可以通过谈话明白自己想要什么。

策略8：记住积极的事情并与其他事情和解。很多时候，人们会记住美好的时光，而完全忽略糟糕的日子。但其实，这种失衡的记忆方式，会延长人们悲伤的时间。祖父生前与祖母的关系并不那么好，但是在祖父离世后，祖母将他美化了，这种做法延长了祖母的悲伤。祖父的确是个好人，我怨恨祖母没有在祖父活着的时候对他好一点。但是，我也需要给祖母更多的原谅和宽容。

父亲去世后，我在社交媒体上和“粉丝”的聊天中坦承，我的父亲并不总是扮演一个好父亲的角色，而这让我的兄弟姐妹非常痛心，指责我不该这么说。但是我必须诚实地面对父子关系，因为我和大多数人 样，对生命中的重要之人有着复杂矛盾的情感。

我父亲是一个非常强硬的人。他最喜欢的一句话是“我没有心脏病，但我会让别人心脏病发作”。在我成长的过程中，父亲忙着打造一个杂货店帝国，以至于他从来没有看过我的比赛，也很少和我单独相处。青少年时期，我在父亲的杂货店打工，他却不止一次地把我开除，甚至还对我的一位朋友说，我必将一事无成。他后来还贬低过我的职业，认为我不过是想成为一个“疯子医生”。尽管我在职业领域取得了很多成功，但他从未对我的职业成就表示过任何尊重。

直到父亲85岁，情况才有所变化。当时，他告诉我他厌倦了生病的感觉，因为他健康状况不佳已经有一段时间了，于是他向我寻求帮助。我一直渴望的父子关系就此展开。我们会在周末一起锻炼，他4个月减掉了18公斤，健康状况也有所改善。从那时起，我从他眼中一个暴躁易怒的次子，变成了他可以依赖和信任的医生。

父亲生命最后的 5 年里，他成为我最好的朋友之一，我终于得到了一直在追求的亲密的父子关系。过去 5 年的回忆带给我满满的喜悦，我对此非常感激，它也让我与那些年不愉快的时光和解，原谅父亲忙于工作、无暇照顾我，或者不尊重我的往事。

策略 9：请记住，哭泣是正常的。面对他人的死亡，自然地流下眼泪，是有利于健康的。压抑情绪、不让眼泪落下反而会让情绪脑出现炎症。20 世纪 80 年代，我在沃尔特里德医疗中心（Walter Reed Medical Center）当住院医生，当时有一位上校全身长满皮疹，而皮肤科医生和内科医生对上校的病因一筹莫展。原来，上校的妻子意外去世后不久，他的皮疹就开始发作。作为一名坚强的陆军上校，他不允许自己放声痛哭，而认为自己应该挺过去。在接下来一年的诊疗中，我们一起打破了这一执念，他终于当着我的面哭出了声。此后，他的皮疹就消失了。

策略 10：寻求社会帮助。如果心理治疗和互助小组能够帮助你掌握克服悲伤的技能，那么参加他们组织的活动可能会对你有所帮助。

策略 11：腹式呼吸。当你感到焦虑或呼吸急促时，腹式呼吸可以让你平静，并帮助你缓过气来。

策略 12：出现任何胸痛症状都要去医院做检查。胸痛是人悲伤时的常见症状。[30] 应激激素会让人心跳紊乱，引发胸痛。我曾经有一段时间沉浸在悲伤之中，当时胸口疼得厉害，我以为自己得了心脏病，但实际上并没有。我的助手金·施耐德（Kim Schneider）也有一段和我相似的经历，当时她的未婚夫因心脏病发作去世，之后她就出现了胸痛症状。检查结果显示，她的冠状动脉阻塞率超过 90%。由于确诊患有心脏病，她得到了对症治疗且效果不错。未婚夫的死或许救了她一命。如果你感到胸痛，那务必去做个检查。如果你的心脏没问题，那你可以通过练习深呼吸、祈祷、意象引导以及催眠的方式，让自己的大脑平静下来。

策略 13：直面触发悲伤的原因。触发悲伤情绪的原因很常见，尤其是想到那些你失去的、在你的脑海中占据一席之地、给你带来快乐的人或宠物。每当某个纪念日、生日、节日，某个地点，某首歌曲或某种气味触发了你的悲伤情绪时，不要抑制情绪，就让情绪自由流淌。如果眼泪流下来，那索性就放声大哭，让自己对那段记忆心存感激。总之不要回避悲伤的情绪，要纠正那些伴随痛苦而来的负面想法。

策略 14：要有耐心。克服悲伤是一段旅程，而不是终点站。没有人能毫发无损地走出悲伤。多年前，我失去了一位对我很重要的人，即便知道还有很多正事要做，我仍然痛苦了好几个月，我没有办法将这个人从脑海中抹去。最终，我从拜伦·凯蒂（Byron Katie）的书《一念之转》（*Loving What Is*）中得到了帮助，这本书以优雅的方式告诉你，别对自己每一个愚蠢的想法言听计从。为了度过艰难的时光，要对自己保持耐心。永远不要忘记，家中每一个人都有自己的恶龙，悲伤往往会触发这些恶龙，所以对待他人也要有耐心。

策略 15：尊重你所爱的人。纪念日是用来纪念逝去的故人的，而不是让自己受苦的。你可以在晚餐的餐桌上，为他们安排好位置，并点燃一支蜡烛作为纪念，或者与其他人分享那段你珍爱的时光。父亲去世后不久，我为他写了一首纪念诗，并在他的追悼会上诵读。

策略 16：当悲伤情绪持续一段时间或变得复杂时，请寻求专业帮助。对内心相对脆弱的人来说，悲伤可能会引发抑郁症状。

工具 D：每天都对自己说自我肯定的话。比如：

> “我理解自己的感受，我会在需要的时候放声大哭。”
> “我选择治愈伤口，继续前进。”
> “我会坚持去爱他人，放下过往的悲伤。”

在需要时寻求帮助的人，是强者而不是弱者。

就算你不能一如往昔，但成为全新的自己又有何不可？

绝望之龙：进行积极的大脑训练

起源：这类恶龙会助长抑郁，让人退缩甚至起自杀的念头。拥有这类恶龙的人试图改变处境，却徒劳无功，反而进一步出现了心理学家马丁·塞利格曼（Martin Seligman）[①]提出的习得性无助症状，即在持续努力一段时间后，觉得非常无助，对未来失去希望。压力或冲突也让他们感到不堪重负，会怪罪自己或他人。同时他们也不相信自己可以改变自身的处境，自我效能感很低。更糟糕的是，他们扩大了这种消极情绪，导致生活的方方面面受到影响。

诱因：让人感到不堪重负或无能为力的任何情况。

反应：抑郁，出现社会退缩行为，辞职，负性偏向程度高，心态消极，感到绝望、无助或无力，责备自己和他人以及缺乏自我效能感。

电影：这类恶龙倾向于选择契合它们消极情绪的电影，比如《小丑》（*Joker*）、《百万美元宝贝》（*Million Dollar Baby*）、《辛德勒的名单》（*Schindler's List*）、《美梦成真》（*What Dreams May Come*）和《绿里奇迹》（*The Green Mile*）。

丹尼尔的绝望之龙：当我尝试将脑成像和自然疗法融入脑部疾病的治疗，并以此来改变我所在的精神病学领域时，我遭遇了长达数十年的阻力。从表面上看，给

① 美国心理学会前主席、积极心理学创始人、美国心理协会终身成就奖获得者。其积极心理学著作《真实的幸福》《活出最乐观的自己》《认识自己，接纳自己》《教出乐观的孩子》被译为多种语言，畅销全球。这4本书的中文简体字版已由湛庐引进，浙江教育出版社等机构出版。——编者注。

患者开药方或提供其他形式的治疗前，检查他们的大脑是合乎情理的。因为在缺乏生物学信息的情况下，对一个需要治疗的器官做出复杂的诊断，显然是不合逻辑的。起初，我对自己的工作感到非常兴奋，但是同事们源源不断的批评、敌意和轻视，几乎让我失去希望，内心充满焦虑和沮丧，甚至让我前所未有地质疑自己。1996 年，我的一位同事向加利福尼亚医学委员会（California Medical Board）举报，声称我的脑成像工作超出了护理标准的范围，委员会就此对我的工作展开了长达一年的调查。如果被判有罪，那我辛辛苦苦获得的医疗执照可能就被撤销。调查结束时，他们认为我的工作没有任何问题并鼓励我对外展示我的工作成果，而我也已经在多篇科学论文中这样做了。很多时候，我都感觉自己是在徒劳地“用头撞墙”，内心无比绝望和无助。最终将我从绝望之龙中解救出来的，是我成千上万的患者情况好转的积极故事，尤其是那些与我亲近之人的故事，比如，我在一个 6 分钟的视频中分享了侄子安德龙的故事，这个视频有近 4 000 万的浏览量。[31]

驯服绝望之龙的工具

工具 A：识别生活中的绝望之龙。你是否感到沮丧、陷入困境、无法采取行动或无能为力？

工具 B：往好的方面看。如果你曾感到绝望或无助，那你会更容易理解处于困境中的他人。你会对那些感到无能为力的人产生同理心。

工具 C：运用策略。

策略 1：建立正性偏向，怀抱目标、以积极的心态开始每一天。早上一醒来或双脚刚着地时，大声喊出“今天将是美好的一天”，以此开启新的一天。由于你容易产生负面情绪，除非加以训练，否则在接下来的一整天你都会感受到精神压力。所以，当你引导自己觉得“今天将是美好的一天”时，处于无意识状态下的大脑将帮助你找到今天之所以美好的原因。

当我巡回20个城市出演电视节目时，每天早上我都会在不同的城市醒来。而我的大脑过去常常预想旅行中所有可能出错的事情，包括日常琐事，这种感觉糟糕透顶；但是，当我学会以“今天将是美好的一天”开启新的一天后，我会预想自己将遇到优秀的人，或者我的工作可能会改变别人的人生。这让我爱上了旅行。朋友，即便在艰难的时期，你也可以选择把自己的注意力放在哪里。这个简单的策略可以让你的生活发生巨大且积极的变化。

同时，当一天结束之际，你可以将“今天发生的好事”写下来，或者进行冥想。这样做可以让你树立更加积极的目标，也能让你睡个好觉。研究表明，在为期1个月和6个月的随访中[32]，做这种练习的人更快乐，抑郁程度更低。而且，这种简单的练习可以帮助处于高压工作状态的人群培养更加积极的情绪。[33]我之所以喜欢这个练习，是因为它可以帮助我记住忙碌生活中可能被遗忘的美好时刻。甚至在父亲过世的那晚，我也做了这个练习，而那天很多事情都进展得异常顺利。我收到了大约1 000条充满爱意的短信，我和兄弟姐妹聚在一起陪伴母亲，塔娜则时刻在我身边支持我。在一天结束的时候，专注地回忆那天发生的好事，振作了我的情绪，并帮助我缓缓入睡。

策略2：训练你的大脑学会感恩。感恩会将你的注意力引向积极的感受，远离消极的感受。应激研究的先驱之一汉斯·塞里（Hans Selye）博士认为：“没有什么比有意识地专注于愉快的想法，更能有效地消除不愉快的想法了。”[34]如果可以用瓶子储存感恩和赞赏，我一定会这样做的。它的疗效远超大多数我开出的药物，而且没有任何副作用。大量研究表明，每天做关于感恩的练习，就像每天写下几件你所感激的事一样简单。它对你的幸福感、情绪、自尊、韧性、健康、外貌、效率、人际关系、性格、事业和寿命都有益处。

为了常怀感恩之心，我们可以在感恩中融入赞赏。作为感恩之情的一种外在表达，赞赏可以架起人与人之间的桥梁。比起接受他人的支持，表达对他人的支持和赞赏，更能减少大脑中的应激反应。[35]为了以更积极的方式思考，建议你养成每天记录的习惯，记下你所感激之人的名字和原因，然后通过简短的邮件、短信或者电话与那个人分享你的感受。30天内尽量不要重复感激同一个人。这个练习会帮助你搭建起许多充满善意的人际关系桥梁。

驯龙TIPS

Your Brain is Always Listening

对你的大脑来说，给予比接受更有益。

策略3：写下你的成就和优势。我曾经治疗过一位艺人，他是格莱美奖得主，唱片销量数以亿计。但他的大脑只能听见绝望之龙的声音，他也只能看见生活中的问题，对很多好的方面视而不见。当我让他写下自己的成就时，他感觉好多了。

你在前言中读到过吉米的故事，我和吉米的第一次会谈，他和他的妻子都参加了。那天，我走到白板前，让吉米和他妻子告诉我他的优势。

以下是吉米的优势清单：善于解决问题、坚持不懈、勤奋努力、忠诚、奉献、谦逊、井井有条、是服务型领导者、宽容、幸运、不怕困难、乐于助人、善于交际、讨人喜欢、善于沟通、富有同情心、是伟大的父亲。写下这些优势，有助于安抚他脑海中的绝望之龙。

策略4：保持大脑健康。尤其要采取一些有助于缓和抑郁症状的策略，比如多吃有色水果和蔬菜，少吃深加工食品，以及摄入ω-3脂肪酸。你可以在我的《精神疾病的终结》(*The End of Mental Illness*)一书中，找到帮助治疗抑郁的具体策略。

工具D：每天都对自己说自我肯定的话。比如：

“我值得拥有美好的一切。”
“我可以在自己需要的时候寻求帮助。”
“我对未来充满希望。”
“今天会是美好的一天。”
“今天发生了哪些好事？”

家传之龙：打破祖辈创伤的循环

起源：父母或祖父母通过基因、行为或文化期待，将他们那一代的问题传给你。因而你继承了他们的焦虑、恐惧、偏见、先入为主的观念。比如，纳粹大屠杀幸存者的后代患焦虑症和创伤后应激障碍的风险更高。那些经历过孩子、父母、兄弟姐妹早逝的人，其神经系统往往深受影响，以至于基因性质发生改变，进一步影响子孙后代。举例来说，患有创伤后应激障碍的父母生下的孩子患创伤后应激障碍的概率是常人的 3 倍。若父母曾从战场回来并患有创伤后应激障碍，30% 的孩子会出现类似创伤后应激障碍的症状。

恐惧、焦虑，甚至仇恨往往都可以追溯到祖辈。如果你不清楚恐惧某事的原因，那你可以从家谱中寻找线索，你的恐惧很可能与祖辈的经历有关。一项大型研究的结果表明，抑郁的父母所生下的孩子拥有体积较小的愉快中枢，这让孩子更容易得抑郁症。[36] 同时，社会创伤也在不断出现，而全球创伤很可能会影响我们的子孙后代。

另外，当你尝试修复一段充满痛苦的过往关系时，家传之龙也会被唤醒。比如，如果你成长的家庭中有人酗酒，那你有可能会爱上酒精成瘾者。如果不处理好痛苦的过往关系，它们可能会来“撕咬”现在的你。

诱因：你到了父母或祖父母遭受创伤的年纪、被赋予未知的文化期待，或者思考如何让家人感到自豪、让家人接受自己。

反应： 不情愿地服从、叛逆、感到内疚、觉得自己让人失望、无缘无故地感到焦虑、无法解释地感到恐惧。

电影： 这类恶龙喜欢看历史类电影，比如《国王的演讲》(*The King's Speech*)、《勇敢的心》(*Braveheart*)、《甘地传》(*Gandhi*)、《拯救大兵瑞恩》(*Saving Private Ryan*) 和《光荣战役》(*Glory*)。

丹尼尔的家传之龙： 回顾我的家族史，我从移民美国的曾祖父母和祖父母那里继承了许多特质，如恐惧和无意识的信念。他们是冒险家、商人和不甘于现状的人。为了获得更好的生活，他们逃过了奥斯曼帝国的镇压和第一次世界大战期间的大饥荒。他们在大萧条和第二次世界大战期间长大，需要面对家庭、安全、辛劳工作和金钱等方面的问题，而他们处理问题的心态潜移默化地影响着我。作为黎巴嫩人的后裔，我们家热烈讨论的中心话题总是与中东问题有关。

1976 年，作为大学演讲社的一员，我赢得了加利福尼亚州和平演讲锦标赛（California State Championship for Peace Oratory）的冠军。那一年，我几乎赢下了我参加的所有演讲比赛，除了在帕萨迪纳城市学院（Pasadena City Collcgc）举办的那场演讲比赛。在那场比赛中，我在 10 位演讲者中排名倒数第一。评论卡上有一位评委写道："如此宏大的一个解决方案，竟来自如此渺小的一个人。"这句点评激起了我的劣势之龙、愤怒之龙、评判之龙和家传之龙。我想知道有多少过去之龙盘旋在中东问题之上，使得中东如此难以实现和平。

我也有严重的祖辈创伤。在我祖父年轻的时候，他的弟弟在开车时与火车相撞，不幸丧生，所以祖父从不开车。而祖母的父亲，即我的外曾祖父准备将全家带到美国时，在墨西哥被土匪杀害。事情发生后，外曾祖母无法照顾女儿们，于是将她们送到了伯利恒孤儿院生活。父亲离开人世、与母亲分隔两地对祖母的一生产生了很大的影响。或许，我童年的部分焦虑并不完全来自我本人，我继承了祖辈的心理创伤。

驯服家传之龙的工具

工具 A：识别生活中的家传之龙。你是否有看似毫无根据的恐惧或焦虑？如果有，那它们可能来自你的上一代人。

工具 B：往好的一面看。每个人都从父母、祖父母和其他祖辈那里继承了一些特质，它们或积极、或消极。请专注于你从原生家庭中获得的好处和积极的特质。

工具 C：策略。

策略 1：尽可能详细地了解你的家族史。你可以与父母、祖父母或任何一位了解家族史的家庭成员聊聊，这可以帮助你理解一些之前让你感到困惑的自动化反应。闭上眼睛，想象你家庭中某位成员的不幸经历，可以是你母亲、父亲、祖父、祖母等的经历，看看你是否能对当时的他（她）感同身受，以此推断你在情绪上的挣扎是否与他们的经历有关。

努力区别看待祖辈的问题和自己的问题，这样你才能活在当下，不被过去所扰。但这可能需要专业人士的帮助。所以，当你感觉家传之龙向你的情绪脑喷火时，读一读马克·沃林（Mark Wolynn）的《不是从你开始的》（*It Didn't Start with You*）可能会帮到你。

策略 2：减少接触诱因的机会。这并不意味着你需要回避家族的过往经历，甚至假装这些经历不存在。这是告诉你不必陷入痛苦的回忆，让自己反复经历那些创伤。

策略 3：设计一个新的未来。这个未来是你专门为自己打造的，是一个不被祖辈痛苦经历所束缚的未来。想象一下，祖辈的创伤锁链不再束缚你的生活，一旦脑海中有了这样的画面，或许你就能打破祖辈创伤的循环。

策略 4：尝试体感疗法。这是一种创伤疗法，即通过密切关注身体内在直觉，来调节情绪，类似正念练习。它可以帮助你调整自己的身体，从而获得理想的情绪状态。专业人士则可以更有效地指导你完成治疗。

工具 D：每天都可以对自己说自我肯定的话。比如：

“我感激并尊敬我的祖辈。”
“我的焦虑有时可能并不源自我的人生，而是源自他人的人生。”
“我会努力活在当下并憧憬未来。”

改写过去之龙的故事

是什么在为过去之龙提供燃料，令其喷射火焰？是因过往创伤变得敏感、不断找麻烦的杏仁核。当我们感觉自己受到伤害、不受重视、能力不足，或心生愤怒、羞愧时，我们的杏仁核就会被激活，焦虑、恼怒、烦躁的情绪就会扑面而来。杏仁核也持续关注着外界，保护我们远离危险。如果发现危险逼近，比如看到一个孩子正站在楼梯顶部附近，杏仁核可能会拉响警报，让我们一跃而起，在危险的事发生前保护孩子。杏仁核的作用就是感知危险。一旦感知到危险，无论危险是什么，它都会立刻发出提醒，帮助我们做好应对准备。但是，杏仁核感知到的危险，是来自现在还是过去？

另外，杏仁核不明白危险的区别，即不能区分处于楼梯顶部附近的孩子与被同事批评的人所遭受危险的区别。杏仁核，尤其是因过往创伤变得敏感的杏仁核，会不断地找麻烦，它会让你从同事的语气、言语、行动中，猜测其背后可能的意图。如果同事触发了你身上的某种恶龙，你很有可能反应过度，做出无谓的猜测，而这反过来可能会触发同事的恶龙，从而引发一场不必要的战争。

与团队进行了一整天的规划会议后，首席执行官卡丽长呼一口气，并询问其他人是否还有话要说。公司的首席财务官迈克想谈谈自己对营销部门开支的担忧，但焦虑之龙让他讨厌冲突，对是否发言犹豫不决。同时，他还觉得一旦说出口，可能就会惹恼营销总监克里斯蒂安，触发对方的愤怒之龙。然而他也知道如果他什么都不说，卡丽可能就会认为他是在逃避责任，这触发了他的责任之龙，所以他还是开口了。克里斯蒂安立刻觉得心里一紧，脸变得通红，他怒斥迈克是个混蛋，责备整个管理团队不理解他的工作有多难。卡丽大吃一惊，她试图平息这件事，让影响降到最低，但这次事件让整个团队在接下来的一周时间里都倍感压力、非常沮丧，直到她让迈克和克里斯蒂安到她的办公室来解决问题，才真正为这件事画上了句号。

为什么会出现这种情况？中间到底发生了什么？

敏感的杏仁核可能可以给出解释。当你感到害怕、愤怒或者有压力时，你就知道你的杏仁核被激活了。你的身体会用心跳加速、手心出汗、胸闷或呼吸困难等方式来告诉你。不要让过去之龙毁了你的事业。

当养娃后，过去之龙重新出现

当你有了孩子，沉寂多年甚至数十年的恶龙，可能会咆哮着回来找你。这就是发生在英国王子威廉身上的事情。在英国广播公司的一部纪录片中，他透露当自己成为父亲后，意外地勾起了母亲戴安娜去世后他所经历的痛苦。在这次采访中，当谈及为人父母的感受时，他说："当你的人生有过创伤，比如，我母亲在我很小的时候就去世了，情绪会突然向你涌来……你自己也不曾预料会有这些情绪，或者你觉得已经处理好了这些情绪。"[37] 当你成为父母，死亡之龙、悲伤之龙、受伤之龙以及许多其他恶龙可能都会被激活。随着孩子的成长，人们常常会不自觉地重温自己的过去。每当孩子到了某个年龄，父母往往会想起自己在那个年龄时有过的创伤和欢乐。比如，当你的孩子上幼儿园时，你会想起自己小时候上幼儿园的模样。但如果当时幼儿园的你正在经历分离、焦虑、被欺侮之苦，其所带来的消极情绪就会诱发你的焦虑之龙或愤怒之龙，让你在以后的生活中更容易被焦虑、愤怒的情绪困扰，却不知道为什么自己会有这样的情绪。

斯蒂芬妮是一名市场营销主管，婚姻幸福，有一个 8 岁的女儿。但她患有心理方面的疾病，会突然惊恐发作，她服用抗焦虑药物后感到不舒服，于是来到了亚蒙诊所。当我让她闭上眼睛，回想上次惊恐发作时的情景，并讲述当时的想法和感受时，她说："我很害怕，想要逃离，但又不知道要逃离什么。"然后我让她回忆第一次出现这种感受的情景。大约 20 秒后，她哭了起来，说她 8 岁第一次在朋友家过夜时，朋友的父亲抚摸了她。她完全压抑了这段记忆，但女儿第一次要求去朋友家过夜这件事，诱发了斯蒂芬妮 8 岁时就产生的受伤之龙，让她和丈夫大吵了一架。

只有知道创伤背后的原因，我们才能够摆脱创伤。

本书将带给你一个好消息，那就是你可以不被过去之龙控制，重写自己的恶龙故事。你还记得我在前言中提到的吉米吗？他在 12 岁时，不得不出席父亲涉嫌谋杀的案件判决，为父亲做影响性陈述。他内心深处的想法是：如果失败，我可能会害死父亲。这一想法诱发了他对公开演讲的恐惧，以及纠缠他一生的焦虑之龙。我和他一起重写了他的故事，让他回到过去的内心深处，告诉自己："我很坚强，我帮助了父亲。我是一个强大而勇敢的人。"他需要以这样的方式去疼爱12岁的自己，而不是一直被 12 岁时产生的焦虑所控制。他可以像一位好父亲那样安抚自己内心的小孩。此后，他开始以创伤后成长者的视角来看待自己的生活，摆脱了创伤带给他的受害者角色。

如何重写你自己的恶龙故事？有以下 5 个简单的步骤。

步骤 1：找出阻碍你成功的恶龙，通过观察这些恶龙的诱因和好的一面重新训练它们。

步骤 2：把自己视作你故事的创造者，创造你的过去、现在和未来。我曾经告诉自己，父亲从不花时间陪伴我们这些孩子。几十年来，我对他的回忆都是苦涩的，以至于我认为因父亲产生负面情绪是合理的。当我 50 岁时，父亲把在我们小时候拍摄的家庭录像交给我们，每人一份。在家庭录像中，父亲和我们一起度过了很多时光，在公园、游泳池或派对上，他都和我们一起玩耍。原来，我的漠视之龙和愤怒之龙一直在欺骗我，对我和父亲之间的关系造成了负面影响。而能够从更准确、更成熟的角度重写这个故事，极大地修复了我和父亲的关系，也改变了我内心的感受。

步骤 3：知道自己想要什么。写下这句话，问问自己："为了得到我想要的东西，从今天开始我能做些什么？"你不必在今天做完所有事情，只需要完成一件小事就好。我经常告诉那些被恐惧困住的患者：你们不必立刻做出反应，只要动一下小拇指，表示能够行动就可以了。

步骤 4：铭记"注意力会决定感受"这句话。当我把注意力集中在批评我的人身上时，我会感到愤怒并有被批评、被漠视、被伤害的感觉。而当我把注意力放在任何一个我帮助过的人身上时，我就会感到快乐和有意义。你看，故事的情节发展和最终结果的选择权都在我。

步骤 5：意识到重写故事永远为时不晚。从今天开始，重写你的故事。正如电影《本杰明·巴顿奇事》（*The Curious Case of Benjamin Button*）中的主角所说："永远不会太晚……你想成为谁就成为谁……你可以做出改变，也可以保持不变。这件事没有规则……但我希望你能过一种让自己骄傲的生活，如果你发现自己的生活并不让你感到骄傲，那我希望你有勇气从头开始。"[38]

Your Brain is
Always Listening

第2章

安抚他人之龙，外界声音不等于你的声音

很早以前我就明白，永远不要与猪争斗。否则你会把自己搞得脏兮兮的，而猪却乐在其中。

——佚名

你怎么看我，与我无关。

——特里·科尔－惠特克（Terry Cole-Whittaker）

除了向情绪脑喷火的过去之龙，你的大脑中还存在他人之龙，让你总在关注他人的言语和行为，而不管他人是死是活，他们都有过去之龙。这就是为什么你的人际关系总是一团糟。除非你非常小心，否则你永远不会只需要处理当下的问题；过去、现在、未来，他人给你带来的所有问题，都需要你来解决。这就是为什么需要听从拜伦·凯蒂的话，“喜欢我不是你的事，而是我自己的事”[1]，它能够帮你治愈自己。

人与人之间近距离的接触，会让恶龙喷射的火焰更为猛烈。我们也会被互相冲突的社会信息所影响，这些信息让我们感到困惑、悲伤、焦虑、沮丧、愤怒和恐惧，也会助长过去之龙的气焰。

让我们从追问“人们”是谁开始。从小到大，我的母亲常说一句话，也许你的母亲也会把它挂在嘴边：“如果你没有什么好话要说，那就什么都别说。‘人们’不爱听这种话。”我常常想知道“人们”是谁。另外，你有没有注意到周围人常常会说“人们说这件事……”“人们说那件事……”“人们认为你应该穿得更得体，长得更高、更强壮，变得更聪明、更有才华”这类话语。其实，“人们”是我们头脑里的集体之声，不断评判或批评我们的思想、行为、言语和外表。让我们从“人们”出发，简单地探索 7 种他人之龙，它们可能会在不知不觉中影响你的幸福、人际关系和成功。

本章讨论的他人之龙包括以下 7 种：父母之龙、同胞之龙、子女之龙、导师之龙、朋友之龙、恋人之龙、网暴之龙。了解这 7 种恶龙，还可以帮你理解你遇到的每一个人，因为每一个人都在与自己的恶龙作战。

父母之龙：筛选父母传达的信息

你的大脑总是在倾听父母或扮演父母角色的人对你的批评或者鞭策话语。大多数人对他们说的话已经习以为常，以至于这些话语已经刻入大脑的神经轨迹里。你有没有发现，在教育子女时，你在重复父母对自己说过的话，尽管你向自己保证过永远不会这样做？我们的大脑总是在倾听父母的话，倾听他们的指导、期望、赞成或反对的事情等。

吉米的父亲常说，他之所以做困难的事情，是为了测试自己的能耐，看自己有多坚强。在得知父亲的想法后，吉米开始努力做他觉得有挑战性的事情，即使他并不适合做这些事情。

我曾经认为坚持是一种美德，直到我意识到跟踪狂也很坚持。我从不希望我的子孙面对困难轻言放弃，但我也不希望他们因为坚持做不适合自己或不可能做到的事情而感到沮丧。拿我自己来说，如果我想成为洛杉矶湖人队的中锋，那无论我怎么努力，这个梦想都不会实现。

如果你有一位很好的母亲，请经常向她表达感谢。在一个家庭中，父亲酗酒会让孩子感到痛苦，但当母亲酗酒时，孩子会有更大的压力。为什么会这样？因为在几乎每一种社会形态中，母亲都是孩子的主要看护者。当母亲受到伤害或者在家庭中缺位时，孩子会受到更大的负面影响。

当父母之龙被诱发时：你会觉得自己做错了什么，觉得自己不够好或得不到支持，这会让你变得更加努力。

你该倾听什么，又该忘掉什么？正确的做法是，专注于父母传达的积极信息，从相反的角度去看待其他信息，证明父母是错的。

同胞之龙：保持独立并尊重他人

你的大脑一直在倾听你在家中的排行，以及你兄弟姐妹的声音。兄弟姐妹经常和你争夺父母的注意力。有时候假期之所以让人感到很辛苦，可能就是因为兄弟姐妹不断提起童年时的尴尬故事。他们认识你的时间比任何人都长，因此，不会忘记你过去的古怪行为。去年圣诞节，我就被我的姐姐惹恼了，因为她好像第 50 次提起我 5 岁时点燃沙发的事情。好在我的妹妹也第 50 次站出来告诉所有人，当时 4 岁的她是和我一起玩火柴的共犯，她躲在我身后的壁橱里，而我为了保护她，独自揽下责任挨了打。我是一个纵火犯，还是一个忠诚的朋友？这取决于你听到了谁的观点。

你的大脑也在倾听你的家庭地位。虽然研究结果参差不齐，个体差异巨大，但出生顺序肯定会影响个人的发展。[2]

家中的长子，这里指家中的第一个孩子，也指带着特定的性别期待出生的第一个孩子，或者是比家中年龄最接近的弟弟妹妹大 5 岁或以上的孩子。父母关注长子的时间超过 3 000 小时，这让他往往更早学会走路和说话，拥有更高的智商。家庭规模对孩子的发展很重要。通常，长子在较大的家庭中承担更多的责任，比如需要照顾弟弟妹妹、做家务，这可以增加他们的自信心和责任感。长子会从事高薪工作[3]，尽管他的弟弟妹妹往往也会迎头赶上。长子经常出任掌握权力的职位。比如，45 位美国总统中就有 14 位是家中的长子，只有 7 位是家中的幼子；前 23 位进入太空的 NASA 宇航员中，有 21 位是家中的长子。但是，长子也更有可能具备自恋特质[4]，更有可能成为最糟糕的司机。[5]

排行中间的孩子，在家庭相册里的照片最少。他们往往是调解者，而且非常忠诚。我就是家里排行中间的孩子，还是一位精神科医生，与调解者的角色不谋而合。排行中间的孩子通常愿意牺牲自己的利益来达成妥协、避免冲突，所以他们常常遭年长孩子的打。但由于没有被宠坏，他们往往不会因为生活艰苦而感到沮丧。比如，我在莫哈韦沙漠待了两年，过得就非常快乐。他们往往也很少出现情绪问题，被确诊为注意缺陷多动障碍[6]的概率很小，但相较其他孩子，他们却更有可能成为特立独行的人，也更倾向于反抗权威。我和父亲都是家中排行中间的孩子，也都具有特立独行、反抗权威的特质。排行中间的孩子更早离开家庭，而家中地位所带来的显著“劣势”，可以帮助他们变得更独立、更具同理心。

家中的幼子通常富有魅力，善于社交，但也爱责备他人。我家老二小的时候，就爱把每件坏事都怪在哥哥头上。她给哥哥起了“迪迪”的绰号，然后总说“是迪迪干的好事”。有一天，她把牛奶洒了，就说：“是迪迪弄的。”当母亲告诉她迪迪不在家而在朋友家过夜时，她则说：“那就是迪迪回家把牛奶弄洒了，然后又走了。”[7]幼子认为哥哥姐姐比自己更高大、更聪明、行动更迅速，所以他试图以更叛逆的方式让自己“脱颖而出”。因为受限最少，所以他更有可能去冒险。如果夫妻双方都是家中的幼子，那么他们更有可能负债。在家中排行最小的孩子长大后接受酒精依赖治疗的概率会更高。[8]

独生子的特征与长子和幼子有相似之处。如果独生子来自中产阶级家庭，那么他们会比其他任何群体都更有野心。[9]他们更有可能在学业上取得成功，思维更灵活、更富有创造力，也会更加快乐，但他们也被认为会更以自我为中心。[10] 在许多研究中，独生子群体的另一个缺点是高发的肥胖。如果独生子被父母溺爱，那么他们还要应对另一组恶龙，稍后我会详细介绍。

人往往更愿意与自己相像的人待在一起。所以，“长子会与长子待在一起，中间的孩子会与中间的孩子待在一起，幼子会与幼子待在一起，独生子会与独生子待在一起”。[11]

当同胞之龙被诱发时：如果你是长子，你会对他人产生责任感；如果你是排行中间的孩子，你会反抗权威；如果你是幼子，你会靠自己的魅力得到想要的东西；如果你是独生子，你会先考虑自己。

你该倾听什么，又该忘掉什么？如果你是长子，你要对自己的人生负责，不必为他人考虑过多；如果你是排行中间的孩子，你应该在成长的过程中保持创新精神，但不要诋毁他人；如果你是幼子，就用才智和努力来保持你的魅力吧；如果你是独生子，你得努力变得包容，更多地为他人着想。

子女之龙：维系和孩子的健康关系

你的大脑总是在倾听你孩子的声音。你孩子在小学时期通常会崇拜你，但当他们到青春期乃至成年以后，却会推开你、批评你。尽管你会因为遭到拒绝而感到非常痛苦，但这对孩子来说太正常不过了，这也是他们个体化及身份认同形成过程的一部分。了解这一点，可以让你的自尊心少受点伤害。如果我的孩子说我是个疯子，我会这样回应："精神错乱是遗传性疾病；有疯狂的孩子，就有疯狂的父母。"

我有一位叫梅丽萨的患者，她努力备孕多年，在41岁终于生下一对双胞胎女儿时，她整个人都高兴坏了。梅丽萨认为人生中最快乐的事情就是成为母亲，她决心做一个对孩子关怀备至的母亲，尽管她自己从未从母亲那里得到过爱与关怀。她的母亲对她疏于照顾，把她留给了漠视之龙。梅丽萨在照料双胞胎女儿时全身心投入，母女之间关系很好。直到女儿们12岁时，母女之间爱的纽带似乎开始断裂，女儿们不是无视梅丽萨，就是对她口出恶言。梅丽萨觉得她的漠视之龙回来复仇了。于是，她找到我寻求帮助。我帮助她理解，在孩子的成长过程中被孩子拒绝是再正常不过的遭遇，同时我也帮助她努力驯服她自己的过去之龙。最终，梅丽萨学会了让女儿们发展自己的个性，女儿们也不再疏远她，开始征求母亲的建议，想要母亲的陪伴。

一旦为人父母，就要努力与孩子建立良好的关系，因为你的下半辈子会一直听到孩子或赞同或反对的声音。建立良好的关系，不是让你去溺爱孩子，而是让你真正花时间去陪伴孩子，积极倾听他们的心声。

关于如何养育健康孩子的书，我最喜欢以下几本：我自己的《疲倦父母的新技能》（*New Skills for Frazzled Parents*）、福斯特·W. 克莱因（Foster W. Cline）和吉姆·费伊（Jim Fay）的《爱与理智》（*Parenting with Love and Logic*）以及约翰·汤森（John Townsend）的《权利疗法》（*The Entitlement Cure*）。

当子女之龙被诱发时：你会感到自己受到伤害、被人忽视，甚至觉得自己微不足道；或者相反，你会感到与他人紧密相连，产生自信、自豪以及受人保护的感觉。

你该倾听什么，又该忘掉什么？青少年时期的孩子说话尖酸刻薄，当你听到或者记住这些话时，想想孩子小时候对你说过的甜言蜜语或者成年后对你的温柔絮语。这样搭配起来听，可以让你的情绪保持稳定。当孩子没有和你联系时，记得自我提醒：孩子已经被培养成健康、独立的成年人了，不是每一个决定都需要我的帮助，这也意味着我的养育方式非常成功。

导师之龙：屏蔽偏见，认清自我

你的大脑总是在倾听老师的声音，他们会给你的智力和努力打分；你的大脑也总是在倾听教练的声音，他们会注意到你的能力和缺陷。这些人的品质非常重要，因为就算离开你的生活几十年，他们的声音也还是会在你的脑海中回响。但以下是两个截然相反的案例。

我在大二时决定去读医学院。当时，我是学校演讲社的一员，经常参加演讲比赛。当我告诉教练想去医学院的打算时，教练说她的弟弟可比我聪明多了，但他几次三番被医学院刷了下来。她的言外之意是我考医学院毫无胜算。当我把她说的话告诉父亲时，父亲叫我不要过多地和她待在一起，因为人的想法是会传染的。

后来，我在医学院读二年级时，认识了一位病理学教授，他天赋异禀，非常善良，谈吐也风趣幽默，讲课既切题又实用。他在学校非常出名，死板的知识能被他阐释得活灵活现。他让一个有难度的学科变得有趣，也培养了积极的师生关系。记得有一回，我和 3 个同学就挤在他的车上，前往俄克拉何马州亨利塔的一家殡仪馆，去做我们的第一次尸检。通过与他这样的病理学大师建立起亲密的师生关系，我们不仅了解到与死亡相关的知识，还学习了一位杰出的病理学家在解决医学问题时的思维方式。他让我对医学的兴趣变得更加浓厚。

当导师之龙被诱发时：你会觉得自己愚蠢、不够格、缺乏学习能力，或者你会觉得自己很有能力，潜力得到了发挥。

你该倾听什么，又该忘掉什么？你该倾听导师的鼓励性话语和建设性批评，忘掉他们的尖刻批评或不良行为。

朋友之龙：看穿恶行背后的虚弱

你的大脑总是在倾听故友的声音，以及成长过程中受欢迎的孩子、欺负人的恶霸和尖酸刻薄的孩子的声音。好友可以抚慰你的朋友之龙，而霸凌者和刻薄的孩子则会让恶龙喷射火焰。人类是依附于关系的物种，早年形成的关系具有持久的影响力。令父母懊恼的是，同伴关系比亲子关系对青少年的影响更大。

你可以在心里评估童年的同伴关系对你的恶龙产生的影响。每个人都有属于自己的恶龙，明白这一点后，你可以用新的视角重新做出评估。比如，对你不理不睬的孩子王，可能一直被父母忽视；欺负人的恶霸，可能由家里的恶霸抚养长大；尖酸刻薄的孩子，可能有一个爱发脾气的酗酒的父亲。花点时间从更宽广的视角反思与这些人的关系，通常可以减轻大脑情绪区域受到的影响。

我在青春期结交了 3 个最好的朋友，他们都生活在充满压力的家庭环境中。两个朋友的母亲酗酒，另一个朋友的父亲酗酒。那时我常常觉得，他们起伏不定的情绪是针对我个人的。后来，其中一个朋友背叛了我，我就此和他断绝了关系，但是这件事让我对背叛变得敏感，无法轻易相信他人。而当我用成年人的视角重新审视过去的经历，并运用精神病学领域的专业训练，我内心的朋友之龙被安抚了。

你的大脑也在倾听现在的朋友和身边其他人的声音。当你向他们倾诉时，你要知道他们不会单纯地给你提供简单的建议，因为他们的恶龙会影响他们对你说出的话。

当你的朋友之龙被诱发时：你会感到自信、讨人喜欢、受人支持；或者相反，你会产生背叛感和孤独感，并觉得自己不值得被喜欢。

你该倾听什么，又该忘掉什么？你该倾听朋友传递的充满善意、鼓舞人心的话语，记住霸凌者和刻薄之人发出的恶言恶语，这很可能反映了他们自身的不安全感。

恋人之龙：从恋情中获得成长

你的大脑总是在倾听恋人之龙的声音。在所有恶龙中，恋人之龙最情绪化，比其他恶龙更让你心烦意乱，尤其是当你与恋人的关系逐渐恶化的时候。恋爱时，你的大脑不仅会倾听前任恋人的批评和鼓励，还会留意现任恋人的一言一行，甚至会注意想象中的未来恋人对自己的态度和评判。永远不要忘记，无论是过去的恋人，还是现在、未来的恋人，他们都有自己的恶龙。

你的大脑总在倾听爱情的声音。爱情是一种药物，它作用于大脑，而非心脏。

所以当你要表白“我全心全意地爱着你”时，更准确的说法其实是“我用全部的大脑爱着你”，只是听起来并不怎么浪漫。而当你说“你伤了我的心”时，实际上正在疼痛的是你的大脑，你可能会胸痛，但是“伤心”并不是引发胸痛的主要原因。“甜心”是表达爱意的称呼，但准确表达爱意的称呼不应该叫“甜脑”吗？也许确实应该这么称呼。

人类学家海伦·菲舍尔（Helen Fisher）进行过一项研究，他让参与研究的大学生分别看所爱之人和一般熟人的照片，同时进行脑部扫描。[12] 研究发现，所爱之人的照片会激活他们大脑中的愉快中枢，这个中枢富含“让人感觉良好”的神经递质多巴胺，而多巴胺与人的注意力、追求以及获得奖励的动力息息相关。这就是为什么当你在交友网站、工作场所或教堂里找到合适的对象时，新恋情所带来的愉悦感、渴望感、戒断感和对更多事物的需求感会让你感觉良好，就像上瘾一样。[13]

新恋情会激活大脑的愉快中枢，让人出现晕眩、焦虑、犹豫、痴迷等感觉。进入新恋情的人会毫无理性地只关注事物积极的方面，全然忽略消极的方面，会导致决策失误、入睡困难，还会有坐过山车的感受。而当恋爱的激情退去，双方的缺点变得显而易见，情侣则可以更加理性地决定，是要继续在一起还是分道扬镳。因此，在与恋人相识的头几个月里，你要非常谨慎地考虑闪婚这件事。你无法确定你的大脑到底是在倾听恋人真实的声音，还是陷入了爱情灵药引发的幻觉。

不同于新恋情对大脑的刺激方式，即便人们在一起 20 年或更久的时间，持久的爱情仍然可以激活大脑的愉快中枢。持久的爱情可以带来更深层次的情感交融，使内心平和，充满幸福感与温暖感。虽然新恋情结束带来的痛苦会让人感觉很糟糕，但是走出一段长期的恋爱关系通常会让人感觉更糟糕。许多人将这种感觉形容为仿佛在清醒的时候被剥了一层皮，会让人出现腹泻、恶心的症状，使人抑郁、焦虑、恐慌和失眠，并带来持续数月的绝望感。

对许多人来说，爱情已经变成一种电子游戏。亚蒙诊所曾经与《奥兹医生秀》（*The Dr. Oz Show*）合作，我们扫描了数位 30 多岁的成年人使用约会软件时的大脑，以确定约会软件对人们情绪和注意力的影响。如果参与实验的人员有幸获得“向右滑动”，即意味着他们的照片和个人介绍被其他用户点赞，这会让他们大脑的愉快中枢和情绪中心产生更多的活动；然而，如果他们很少获得“向右滑动”，反而获得更多表示遭人拒绝的“向左滑动”，那么，他们的大脑相较他人更容易受到疼痛和抑郁的影响。

当恋人之龙被触发时：你会感到被人爱慕，产生自信，并觉得自己很性感；或者相反，你会有被人遗弃、遭人背叛、不值得被爱以及深受伤害的感觉，基于此你可能很难对潜在的新恋人产生信任，或者会毫无来由地将他们推开。

你该倾听什么，又该忘掉什么？你该重新定义前任恋人说过的刻薄话语，这样你就可以从过去的恋情中吸取教训，而不必责备自己。

网暴之龙：让恶意评论远离大脑

你的大脑总是在倾听社交媒体平台上的声音，包括真人用户、机器人账号的声音，而其中就有那些单纯为了好玩对你口诛笔伐的“网络键盘侠”发出的声音。如今，“网络键盘侠”这个群体越来越低龄化。我 9 岁的侄女就曾经在社交媒体上被以前的朋友霸凌。

我的很多明星患者会经常查看别人对自己的评价，这种行为通常会让他们上瘾，并左右他们的大脑。麦莉 · 赛勒斯曾经是这些明星患者中的一员。虽然戒掉社交网络帮助许多明星恢复了情绪平衡，但是麦莉采取的方法略有不同。她在她的 Instagram 直播节目《点亮心灵》中表达过，她认为节目的英文名 *Bright Minded* 中的“B”可能代表来自社交媒体的祝福（bless），也可能代表诅咒（blame）。我帮助她明白，减少自己受到网络恶意攻击的方法，就是少接触“网络键盘侠”。但她没有突然告别社交媒体，而是着眼于社交媒体好的一面，用积极、有意义的方式与她的“粉丝”建立联系。

在互联网上，人们通常是匿名的，他们会写下大脑中任何未经过滤的、尖酸刻薄的、伤人的想法。当然，技术的发展会带来很多好处，就像社交媒体等互联网平台也提供了很多好处，但是对大多数人而言，这些好处伴随极大的代价。

如果你在网上经营企业，那么你必须学会管理网络评论，这是企业管理的其中一项业务。但如果你和我一样，是那个被攻击的人（我曾经被同事猛烈抨击数十年），那么你应该让团队中的其他人来管理你的企业网站，这样可以帮助你阻挡网暴之龙，让它远离你的大脑。

当网暴之龙被诱发时：你会相信在网上读到的每一个充满仇恨的词语，然后感到自己一文不值、无能为力。

你该倾听什么，又该忘掉什么？如果可能的话，避免阅读评论，不要给“网络键盘侠”说话的机会。同时提醒自己：“如果别人花时间在网上写下关于我的事情，即使它是负面的，至少也意味着我正在做的事情有一定影响力。”

他人之龙具有传染性

你的大脑总是在倾听其他很多恶龙的声音，这些恶龙来自你的老板、同事，以及宗教领袖、政客、店员、新闻主播、媒体行业的名人。这些恶龙要么具有百般挑剔、恶语伤人、大打出手、争强好胜、冷漠无情的特征；要么可以展现鼓舞人心、积极向上、暖心抚慰、踊跃参与的形象。如果你翻阅的杂志爱用漂亮、瘦削的模特，你会觉得那就是美；但如果你翻阅的其他杂志中，模特的外观与众不同，你会觉得那才是最具吸引力的。注意力放在哪里，决定了你会有怎样的感受。我的妻子有一些单身朋友，她们抱怨男人都很难相处，而我的妻子总爱对她们说："不是所有男人都是这样的，只是你选择给电话号码的男人难相处而已。"

每个人都能影响身边其他人的看法。直觉告诉我们，消极的人会给人群带来压力，而积极的人往往会让身边的每个人都更加快乐。这有科学依据吗？多年来，亚蒙诊所针对药物、营养补充剂、高压氧、冥想、催眠和祈祷等不同的脑部干预方式，进行了干预前后的脑成像对比研究。

其中比较有趣的一项研究与气功有关。作为一种拥有数百年历史的治疗方法，气功将身体的一招一式、一呼一吸和所思所想融合在一起。在这项研究中，我们让一位气功大师向 5 位被试施展气功，传递治愈能量。我们在实验前后进行了 SPECT 和定量脑电图（qEEG）扫描以测量脑电活动。SPECT 扫描显示，5 位被试中有 4 位脑部的血流量增加。qEEG 扫描显示，在气功大师发功后，所有被试的脑部都立刻产生了变化。我还记得，当电脑屏幕出现被试脑部的实时变化时，我们的神经学专家瞠目结舌的模样。

我们经常被外物所操纵，比如电视、广播、流媒体服务、社交媒体、互联网广告、杂志、购物中心以及职场茶水间的闲谈。你要留意那些获许进入自己大脑的噪声。

Your Brain is Always Listening

第3章

清除想法之蚁，区分想法和真相

想法本身没有任何杀伤力，除非我们对它深信不疑。想法本身不会带来痛苦，痛苦来自我们对想法的执着。执着于一个想法，意味着不加追问，就相信它是真实的。信仰，就是我们经年累月始终执着的想法。

——摘自拜伦·凯蒂的《一念之转》

当我还是一名年轻的精神科医生时，我曾经采用一种名为“生物反馈”（biofeedback）的技术来帮助理解和治疗患者。生物反馈是指利用仪器测量手部温度、汗腺活动、肌肉紧张、呼吸频率、心跳频率和脑波类型的技术。假设我们知道你的身体如何应对压力，我们就能教你如何缓解压力。人的大脑会有意无意地通过身体反应来表达渴望、担忧、恐惧、压力、爱、快乐、仇恨和幸福。基于此，我发明了一个单词联想测试，以观察被试身体对某些词语和概念做出的反应。就像使用测谎仪测谎一样，我将被试连接到生物反馈设备上，然后让他们想某些词语。一些词语无关紧要，不带情感色彩，比如“电话”“书本”“回形针”等；另一些词语则有更多的情感含义，比如“母亲”“父亲”“兄弟姐妹”“工作”“孩子”“配偶”等。

大多数人对无关紧要的词语只会产生很小的生理反应，但对富有情感意味的词语会产生大得多的生理反应。比如，当我说出“棒球”或者“火车”这样的词语时，生物反馈设备几乎检测不到生理反应波动，除非被试喜欢某个棒球队或者正在收集火车模型。然而，当我说出“母亲”或者“父亲”这样的词语时，我通常会看到被试出现显著的生理反应变化。如果在被试的人生中，“母亲”这个词是一个积极的概念，就像我的母亲对我来说是一个积极的角色一样，那么被试就会出现更加积极的生理反应：心跳和呼吸频率变慢，肌肉变得更放松，手变得更温暖、更干燥。如果母亲与承受痛苦或者压力的记忆紧密相连，那么被试的生理反应通常会趋于紧张——心跳和呼吸频率加快，肌肉变得更紧张，手变得更凉，会出更多的汗。

通过生物反馈技术，我了解到大脑总在倾听和回应人的每一个想法，尤其是那些充满压力或积极向上的想法。每一天，人都会产生成千上万个想法，它们脱胎于多种多样的因素，包括过去之龙、他人之龙、遗传因素、过往经验、感官输入、梦、昨天吃的晚餐以及肠道菌群的健康水平。消极的想法会让大脑立刻释放影响身体每个细胞的化学物质，让人感到身体不适；积极、快乐、充满希望的想法则会释放出让人感觉良好的化学物质。人的思维模式也会对身体产生长远的影响。根据发表在《阿尔茨海默病与痴呆》（*Alzheimer's & Dementia*）上的一项脑成像研究[1]，重复性消极思维模式可能会加快阿尔茨海默病患者大脑中有害物质的积累，并可能增加出现痴呆的风险。

想法是自然而然产生的，它们就这样出现在脑海中。然而，当你有一个想法时，并不代表这个想法就是真实的。

想法不仅会撒谎，还经常撒谎。未经调查和追问的想法，是窃取幸福的小偷。如果你不去质疑或者纠正错误的想法，你就会对它们深信不疑，仿佛它们百分百正确一般。比如，如果我的劣势之龙被诱发，让我萌生出“妻子从不倾听我的心声”的想法，我就会因此变得悲伤和孤独，并助长我愤怒之龙的气焰。如果我从不质疑这种消极的想法，那么即便这个想法是假的，我也会信以为真并任由自己对妻子乱发脾气，这样一来，她也就更不“愿意”听我说话。染上焦虑症、抑郁症和其他慢性疾病的方式与引发人际关系问题的方式是一样的，那就是允许自己相信脑海中的每一个想法。你必须保护自己，不要听从那些来自恶龙的呢喃、意图窃取你幸福的想法。

20世纪90年代初期，我创造了自动的消极想法——蚂蚁这个概念，用于描述消极情绪如何侵蚀人的大脑。[2]从那以后，我在很多书中都提到了蚂蚁，因为它是影响大脑健康最主要的因素之一。有关蚂蚁的这个想法是我在某天辛苦工作后产生的。那天，我接诊了4个有自杀倾向的患者、两个曾离家出走的青少年、两对相互怨恨的夫妇。晚上回到家，我发现厨房里蚂蚁泛滥成灾，成千上万只蚂蚁试图占领厨房。当我清理蚂蚁的时候，我突然想到我的患者也被蚂蚁侵扰了，蚂蚁让他们感到沮丧、绝望、无助、易怒。

我想如果我能教会患者消灭蚂蚁，那么我不仅可以帮助他们驯服恶龙，使他们变得更加快乐、更少焦虑，也能更好地与他人相处。第二天，我带了一罐灭蚁喷剂去上班，开始教我的患者如何杀死大脑中的蚂蚁。一段时间后，我用蚂蚁和食蚁兽玩偶代替了灭蚁喷剂，并一直使用至今。前段时间，我接诊了一个有恐犬症的 8 岁男孩，他的焦虑之龙使他在面对狗时胆战心惊。在我教会他如何杀死蚂蚁的 3 周后，他告诉我他的大脑已是一座“蚂蚁鬼城”。[3]

我创造的灭蚁方法参考了两位前辈的研究：一位是精神科医生阿伦·贝克（Aaron Beck），他开创了一种叫作认知行为疗法（cognitive behavior therapy，CBT）的心理疗法，能有效治疗焦虑症、抑郁症甚至肥胖症，解决人际关系问题；另一位是拜伦·凯蒂，作为一名教师兼作家，她提出了我们将要讨论的灭蚁问题。

人的感受通常与想法的性质有关。如果你的想法大多是消极的，你多半会有消极的感受；如果你的想法大多是积极的，你多半就会有积极的感受。蚂蚁之间会相互连接、堆叠，通过繁殖成倍增加，还会向你发起攻击。比如，蚂蚁在人处于以下阶段时会变得身强力壮，不断繁衍：入睡前、睡眠不足时、血糖低时、入冬时、女性月经前、压力增强时，以及失去所爱之人时。蚂蚁会为你的过去之龙提供养分，让恶龙变得更强壮，更有可能折磨你。

消灭蚂蚁有助于驯服恶龙，并能让你更好地应对压力。

需要说明一点，我并不认同正向思考。正向思考认为，就算你吃下 3 块芝士蛋糕，也不会伤害到你的身体。我认为我们应该精准思考，真实地面对自己。精准思考可以改善心理健康、减少坏习惯，使人过上更幸福的生活，而毫无约束的正向思考则不会带来这些益处。

当你学会消灭蚂蚁后，你的大脑就会更加自律地持续寻求真理。下面我将介绍 9 种最常见的加剧精神痛苦和人际关系矛盾的蚂蚁，以及这些蚂蚁通常为哪些恶龙提供燃料。

本章讨论的 9 种蚂蚁包括：极端之蚁、弱势之蚁、负面之蚁、负疚之蚁、标签之蚁、预测之蚁、读心之蚁、悔恨之蚁、责备之蚁。

极端之蚁：与评判之龙相关

每当你认为生活中的事情不是好事就是坏事时，你就会受到极端之蚁的攻击。这些蚂蚁不说“有时”或者“也许”这样的词语，而是使用绝对性的语言进行思考，把局面变得“更好”或“更坏”。这也是非黑即白思维的表现。这种思维把现实分为光明与黑暗、善良与邪恶，不承认生活是复杂多变的、是具有模糊地带和细微差别的。一旦你使用“所有”“总是”“任何”“从不”“没有人”“没有事物”“每个人”“每一次”这样的词语进行思考，极端之蚁就会出现在你身边。而当你认为事物非黑即白、世人非敌即友、时光非好即坏，以及自己不是飞黄腾达就是落魄潦倒时，这些蚂蚁就会向你发起攻击。它们会告诉你，机不可失时不再来，但凡不是好事就是坏事，容貌不是美丽的就是丑陋的，你不是爱慕某个人就是憎恨某个人，等等。

综艺节目《超级减肥王》（*The Biggest Loser*）的亚军曾经找我看诊。由于没能获得冠军，就算瘦了 90 多斤，他仍然十分沮丧，觉得自己是一个彻头彻尾的失败者。其实，他击败了许多参赛选手，减掉的体重相当于一个小个子成年人的重量。

极端之蚁通常基于真假参半的流言或彻头彻尾的谎言，对事物加以区分，这种区分常带有明确、刻板、持久的特点。它们把复杂的概念分为截然相反、非好即坏的两种类别。表面上看，这些蚂蚁会让你自我感觉更良好，因为你能简单地将人与行为进行分类。

我们很容易识别极端思维者，因为他们往往只看到事情的一面，而忽视与之相反的证据，还会与异己者激烈争论。然而，这种糟糕的思维模式不仅会阻碍人们的判断，诱使人们做出错误的决策，还会削弱人们对世界的理解能力、破坏人际关系、减少解决问题的方法。难怪极端之蚁会助长评判之龙的气焰。

举个例子，在亚蒙诊所，我们以美国国家橄榄球联盟的球员为对象，进行了首次也是规模最大的一次研究。超过半数的球员退役后变得肥胖，这对大脑健康非常不利，所以我们为肥胖球员建立了一个减肥小组。其中一位球员告诉我，他之所以变得肥胖，是因为他不喜欢任何对健康有益的食物。“这是真的吗？”我问，“你一样也不喜欢吗？”然后，我给他看了一份列有 50 种对大脑有益的食物的清单。事实上，他喜欢其中 60% 的食物。是极端之蚁操控了他的食物选择，让他发胖。

我经常从我的患者和社交媒体的网友那里，听见很多极端之蚁作祟的声音。

下面是 12 种极端之蚁的声音：

“我不是一个好父亲。”
“没人在乎我。”
“没有一件顺心事。”
“我是一个可悲的失败者。”
“我的老板在利用我。”
“我的丈夫是魔鬼的化身。”
“我们吵了一架。我想我们的关系结束了。”
“我连 1 000 米都跑不了。我永远也当不了运动员，我应该放弃锻炼。”
“我不想再和任何人说话了。”
“我的妻子从来不听我的话。”
“我认为我的报告做得很好，但是老板还要求我做一些修改。我真是什么都做不好。”
“我非常无聊，无事可做。”

让这些极端之蚁滚蛋吧！

弱势之蚁：与漠视之龙、劣势之龙相关

弱势之蚁是最能伤害自尊的蚂蚁之一。每当你以消极的方式与他人进行对比，这些蚂蚁就会骚扰你，甚至攻击你。青少年抑郁和自杀的概率呈上升趋势与这些蚂蚁有关，而社交媒体的流行更是火上浇油。许多青少年每天花好几小时，与他人展示的虚假生活与外表进行比较。父母也会在孩子身上寄予不切实际的期望并施加压力，以使自己的孩子达到网络上优秀孩子的标准。这些蚂蚁来自漠视之龙、劣势之龙。

弱势之蚁通常会以“我不……”开头说话，比如：

“我不够好。”
“我不是一个称职的母亲 / 父亲。”
“我不是一个称职的女儿 / 儿子。”
“我不是一个称职的妻子 / 丈夫。”
“我不是一个尽职的老板 / 员工。”
“我不是一个眼光独到的投资者。”
“我不够聪明。”
“我不够富有。”
“我不够高大。”
“我不够强壮。”
“我不够漂亮。”
“我不够有趣。”
“我不够善良。”

“我不是一名尽职的教授 / 医生 / 律师。”

如果你不断与他人进行竞争和比较，你的自尊心就会受到打击，内心就会感到苦涩。如果你努力成为最好的自己，你就会变得更好。问题是，我们经常将幕后模样的自己和高光时刻的他人进行比较。

当我还是一名年轻的精神科医生时，我发现只要我觉得某人拥有了一切，比如婚姻美满、儿女成才、事业成功等，不出 3 周，他就会来到我的办公室诉苦，比如自己赌博成瘾、婚内出轨、孩子偷盗。我见过有犯罪记录的父母，也见过不再相信上帝的牧师。这是非常重要的一课。世间少有人“表里如一”。我有幸治疗过美国参议员、奥斯卡奖和艾美奖获奖演员、入选名人堂的篮球运动员、格莱美获奖音乐家、商界领袖和大型教堂的牧师。这些优秀的人和我们都有一样的苦恼。

当你允许弱势之蚁偷走你的幸福时，你的漠视之龙、劣势之龙会变得更加强大。只要你没有比别人做得更好，你就不会庆祝自己的胜利。你可能会怨恨你爱的人，嫉妒他们获得的成功。当我们在社交媒体上与他人比较时，我们会嫉妒从他人那里“看到的现实”，讨厌自己所处的“真正的现实”。当心不要被社交媒体上他人的“滤镜生活”欺骗了。

负面之蚁：与受伤之龙、家传之龙、绝望之龙、死亡之龙相关

数千年前，人类的思维被训练成关注消极的事物，以保证生命的安全。如今，

即便狮子、老虎和熊不太可能吃掉人，人的大脑仍然会优先关注潜在的危险，而不会优先专注积极的事物。

为了利用人们的消极倾向获利，网络营销恶龙源源不断地向我们提供负面新闻，为网站增加点击率和流量。你是否注意到，突发性的负面新闻无处不在而好消息难觅行踪？我们的社会充斥着负面之蚁。这些讨厌的家伙只看到事情不好的一面，而忽略一切好的方面！除非管控好自己的上网时间，否则你就会被火灾、洪水、飓风、全球变暖等令人沮丧的新闻所淹没。负面新闻卖点十足，而我们被兜售的东西总是为了满足他人的经济利益，所以我们会被有害的思想所淹没。

负面之蚁会直勾勾地盯着你的错误和问题。它们会让你的脑袋里满是挫败感、沮丧、悲伤和恐惧。很多恶龙喜欢以负面之蚁为食。这些蚂蚁几乎可以把任何积极的经历染上消极的色彩。它们是所有新经历、新关系和新习惯的法官、陪审团与执行者，以下是一些负面之蚁的声音：

"我去健身房做了一次高强度锻炼，当时我身边那个骑自行车锻炼的人一直在说话，所以我再也不去健身房锻炼了。"

"我做了一次工作汇报，尽管很多人说他们喜欢汇报的内容，但有一个人在我演讲时睡着了，所以我的汇报一定很糟糕。"

"我只考上了普通大学。我失败了。"

"我爱的人不会爱上我。"

"我和一位老友相约重聚，但在午餐时她迟到了 10 分钟，所以我不会再约她出来见面了。"

"我把咖啡因的摄入量从每天 10 杯咖啡减少到了每天两杯，而我原本计划现在可以做到不喝咖啡，所以我应该放弃减少咖啡因摄入量这个尝试。"

"我晚了一小时到达度假屋，还打不开屋子里的灯。真是一场灾难！"

"我的唱片在公告牌排行榜上只排名第二。我失望极了。"

"我们的市棒球队只得了第二名，他们这整个赛季都是在浪费时间。"

"我儿子的成绩单上有 4 个 A，但也有两个 B。我非常失望。"

“我这一周的饮食控制得很好，但是我周五嘴馋，偷吃了不该吃的东西，所以一切努力都白费了。”

我曾经帮助过一个患有抑郁症的孩子。一开始，他满脑子都是发生在自己身上的坏事。他是最近才搬到附近的。他告诉我他永远不会有朋友，尽管他已经有好几个朋友了；他觉得自己在新学校会表现不佳，尽管他大多数科目的成绩不错；他认为自己永远不会获得任何乐趣，尽管他就住在海滩和迪士尼乐园附近。关注事物消极的一面，让他很难融入新的环境。我和他共同努力，帮助他将注意力转向正面事物，而非负面事物，这让他感到心情舒畅多了。

负疚之蚁：与羞耻之龙相关

负疚之蚁的动力，来自他人对你的道德打击，比如父母或权威人士对你说：“你该那样做”“你该这样做”“你绝不能再那样想了”。负疚之蚁为羞耻之龙提供能量。每当你用“应该”“必须”“理应”“不得不”这样的词语来思考时，你的大脑就会充满内疚感。诚然，你应当有所为、有所不为。但是由内疚感驱动的行为，往往得不到预期的结果。以下是一些负疚之蚁的声音：

“我不是一个好儿子，因为我没有打电话问候父亲。我应该给他打电话的。”

“我应该多和父母视频聊天。”

“我必须戒糖。”

“我必须开始计算我的热量摄入量。”

"我应该多运动。"

"我应该多付出。"

"我为自己在青春期时做的糗事感到羞愧。我不应该做那些事。"

"我被自己曾经犯下的错误困扰。我不应该犯那些错误。"

"寻求帮助对我而言是自私的行为。我不应该这么做。"

"我应该辞职，因为工作上出现的所有问题责任都在我。"

"我为给自己留出时间休息而感到内疚。"

"我不应该换工作。"

"我必须在学校表现得更好。"

"我应该成为一个更好的妻子 / 丈夫。"

当你让这些蚂蚁在你的大脑里来回活动时，你会发生什么事情？你会更常与父母联系、减少糖分摄入、计算热量、锻炼身体、更加乐于付出吗？我对此表示怀疑。当我们觉得自己"必须"做某件事时，即使这件事对我们有利，我们也会有抵触心理，因为这是人类的天性。要战胜负疚之蚁、停止为羞耻之龙提供养分，关键在于经常对自己说下面的话：

"我想这么做。"

"这样做符合我的目标。"

"这样做对我有帮助。"

"我想去看望我的父母，因为他们对我来说是特别的人。"

"我的目标是戒糖，因为这样做可以帮助我抑制食欲，防止精力耗尽，避免糖尿病及体内炎症的发生，同时摆脱剧烈的情绪波动。"

"我想计算我摄入的热量，因为这将帮助我学会控制饮食。"

"去健身房锻炼对我非常有利，因为这会让我精力充沛。"

"我是一个乐于付出的人，我希望为值得我付出的事业做出更多贡献。"

特里上学时很难跟上课程进度。父母和老师的表现让他觉得自己"懒惰、愚蠢、不负责任"，这诱发了他的羞耻之龙。那段时间，他产生了前所未有的羞耻感。最终，他选择辍学。他陷入抑郁，拒绝与外界交流，绝望之龙也因此产生。成年后，他不觉得自己能组建家庭，所以虽然他工作异常努力，但也只是勉强糊口。

当特里 46 岁时，他的心理健康状态恶化。他觉得一定是自己的大脑出了问题，但是他的核磁共振成像结果显示正常，其实这种情况下核磁共振成像结果一般会是正常的。因为核磁共振检查的是大脑结构，而不是大脑功能。然而，大脑功能异常往往是疾病的根源。

当特里来到我们在纽约的诊所时，SPECT 扫描显示，他的额叶严重受损（见图 3-1 的左图）。后来，他得知自己小时候曾有颅脑损伤，而这与 SPECT 扫描结果相符合。

特里和母亲说了脑部扫描的事情，他们一起哭了很久。父母这才意识到，特里上学时并不是不上进，而是他的大脑受伤了。

特里开始认真考虑使用我们的方案来恢复大脑机能，包括听取饮食建议、服用膳食补充剂，以及进行高压氧治疗。几个月后，扫描结果显示，他的大脑机能明显好转（见图 3-1 的右图），而他的生活也得到了显著改善。他情绪稳定、精力充沛，对生活充满了希望。现在，他看到了自己更光明的未来，其中就包括组建一个家庭。

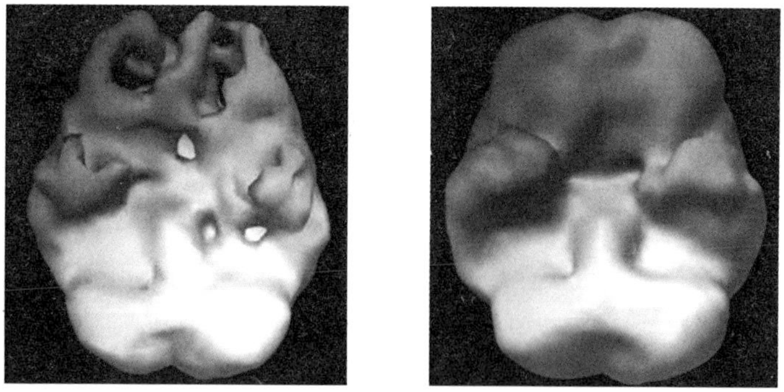

图 3-1 特里治疗前（左图）和治疗后（右图）的 SPECT 影像

标签之蚁：与羞耻之龙、评判之龙相关

每当你给自己或他人贴上负面标签时，你不仅很难诚实地看待自己或他人，还会把自己或他人与其他所有被贴上同样标签的人混为一谈。你的羞耻之龙已经执掌一切。

标签之蚁会加深大脑负面通道上的印迹，让负面通道上的车辙印更深、车辙壁更厚。这些车辙就是生活中习以为常的陈规陋习，它会导致不良行为。比如，如果你给自己贴上“懒惰”的标签，那为什么还要在学校或工作中努力做得更好呢？标签之蚁会让你自暴自弃、故步自封。以下是标签之蚁爱说的一些话：

“我很懒惰。”
“我是个失败者。”
“我是个倒霉的商人。”
“我看起来像个白痴。”
“我很胖 / 很矮。”
“我很坏，因为我在 8 岁时伤害了一只猫。”
“我很自私。”
“他是个混蛋。”
“她很软弱。”
“他是个糟糕透顶的人。”
“他是个自恋的人。”
“你是个怪人。”
“你太容易上当了。”
“你是个坏儿子。”

标签之蚁会让你误以为自己不可能改变。你就是你，不会有任何变化。但事实并非如此。你可以改变自己的想法，专注于可能发生的事情：

> “我的能力比我想象的要强得多。我要让自己吃得更好，做更多的锻炼，花更多时间与家人和朋友在一起。”
>
> “我知道如果我更加努力，我可以在学校里表现得更好。我要请老师帮我制订一个学习计划，教我一些管理时间的技巧。”
>
> “我知道我可以把工作做得更好。我要列出我的优势，并制定出能有效利用自身优势的策略。”

需要注意的是，正面标签也可能对人造成负面影响。比如，我一直告诉父母不要夸孩子聪明，而要夸他们努力。因为，当你夸孩子很聪明时，他们会以结果为导向，更加关注自己的表现，并认为智力水平是没有办法后天提升的。如果一个全新的任务让他们疲于应付，他们可能会觉得自己“不够聪明”而轻易放弃。但如果你夸奖孩子努力拼搏，那他们就会因为自己“努力拼搏”的特质而坚持，努力解决遇到的困难。权欲之龙也可能通过标记之蚁获得养分，让人自大，看不起别人。我完全认同我们要肯定自我和他人，但要注意把握尺度，以免对他人造成伤害。

预测之蚁：与焦虑之龙、受伤之龙、绝望之龙相关

预测之蚁会预想最坏的情况，然后把事情变得更糟糕。这类蚂蚁擅长互相连接、层层堆积，然后发起攻击，给人们制造焦虑和恐慌。

蚂蚁是撒谎精！它们自以为能预见未来，但实际上只能臆想出糟糕的事情让你变得沮丧。它们爬进你的脑海，用恐惧填满你的未来。当然，这些蚂蚁也可以帮助你为潜在的问题做好准备，但如果你把所有的时间都花在幻想可怕的未来上，你就会被焦虑围困。以下是预测之蚁的一些声音：

"一切都将变得更加糟糕，不再重回正轨。"

"我注定要一直失业。"

"我的经济状况永远无法好转。"

"我要生病了，需要使用呼吸机。"

"我将无家可归。"

"我的孩子也会得心理疾病。"

"如果失去他，我就活不成了。"

"如果上台做报告，我会惊恐发作。"

"我所有的投资都不会有回报。"

"我说话的样子看起来很蠢。"

"我以后也买不起房子。"

"我再也不锻炼了。"

"我永远不会参加演讲活动。"

预想最坏的情形，会让你的心跳加速、呼吸急促，整个人变得焦虑不安。你还会渴望摄入糖分或精制碳水化合物，觉得需要通过进食来缓解焦虑。你的大脑非常强大，可以让预想的事情变为现实，预测之蚁则会利用这一点让情况变得更糟。比如，当你觉得自己会扭伤脚踝时，"扭伤脚踝"这个想法可能就会让小脑失灵，让身体变得笨拙，更容易受伤。同样地，如果你认定自己就是会失眠或者无法展开新恋情，那么你就不太可能采取那些会让你不再失眠或者展开新恋情的行动。要消灭预测之蚁，关键在于驳斥它们说的话：

"如果我养成有助于大脑健康的习惯、摄入补充剂，那么我就能增强免疫系统。"

"只要我热身时做好拉伸、跑步时保持专注，我就不会受伤。"

“我会将汇报做得非常出色。”

“我会用稳健、明智的方式做投资。这样一来，即使部分投资失败，于我也无伤大雅。”

“如果我不能马上入睡，我就去读一本好书，直到我读累睡去。”

读心之蚁：与漠视之龙、焦虑之龙相关

读心之蚁认为，即便他人没有吐露心声，它们也能窥视他人内心的想法和感受。这会让人自我灌输“大家觉得我是个蠢货”或“他们正在嘲笑我”等想法。而且，即便他人没有诉说想法，你也没有过问他人的想法，你还是确信自己知道对方的所思所想，此时此刻，读心之蚁就在你的大脑中疯狂活动。

对于我来说，就算接受过 25 年的教育，我也无法知道别人在想什么，除非他们告诉我。我一直说，有人朝你的方向瞥一眼，并不代表有人正在谈论你或者在生你的气；他人投向你的不友善眼神，可能只是因为那个人便秘了，你不知道而已！读心之蚁还会说以下的话：

“父亲认为我软弱无力。”

“老板不喜欢我。”

“朋友们觉得我在徒步旅行时跟不上他们的脚步。”

“父亲觉得我不会有多大成就。”

“别人觉得我很笨。”

“别人认为我接受抑郁症治疗是为了获得关注。”

"同事对我不屑一顾。"

"我死了也不会有人在乎。"

"每个人都对我感到失望。"

"母亲认为我不如其他兄弟姐妹。"

"我让所有认识我的人都感到沮丧。"

还记得"18-40-60"规律吗？绝大多数人每天都在为自己操心，而不是围着你转，所以不要试图去读他们的想法。不要让这些蚂蚁抹杀美好的感觉。当你不能理解某人或某事时，你可以用询问的方式获得回应。读心之蚁具有传染性，当他人也被读心之蚁控制时，就会引发你的恶龙和他人恶龙的对抗。

悔恨之蚁：与漠视之龙、受伤之龙、羞耻之龙、悲伤之龙相关

我曾经听到拜伦·凯蒂对听众说："每当你与现实争论之时，就是迎来进入地狱之日。"我多次与我的患者分享这句话。沉浸于对过去无法改变之事的悔恨中，只会带来痛苦和持续的挫败感。对于已经发生的事情，悔恨会以"如果……就好了"的思维模式呈现；对于希望在未来改变的事情，悔恨会以"等……时，我才会更快乐"的思维模式呈现。上面的两种思维模式都会把你带离当下，让你产生自我挫败感。悔恨的另一面是对现在的不满，并希望有一个不一样的未来。以下是悔恨之蚁的一些声音：

"如果我的父母很有钱就好了。"

"如果我再高点 / 瘦点 / 漂亮点就好了。"
"如果我留在学校就好了。"
"如果我没犯那个错就好了。"
"如果我能早点戒酒就好了。"
"等我退休后，我才会更快乐。"
"等他跟我结婚，我才会更快乐。"
"等我们离婚了，我才会更快乐。"
"等我有了孩子，我才会更快乐。"
"等孩子们都长大了，不再烦我了，我才会更快乐。"
"等我大学毕业后，我才会更快乐。"
"等我升职后，我才会更快乐。"
"等我减掉 10 斤后，我才会更快乐。"

这些蚂蚁只会浪费你的时间和天赋。你要感激所拥有的东西、现在所处的位置，因为这就是你所拥有的一切。问问自己，现在是否已经拥有了所需要的一切？回答这个问题，可以帮助你立足当下，不为过去悔恨，也不对未来抱不切实际的期望。

责备之蚁：与权欲之龙、评判之龙、家传之龙相关

生活一旦出现问题就倾向于责怪他人，这是责备之蚁的常用伎俩，也是自我否定的第一个最具破坏性的特征。责备之蚁通常源于权欲之龙、评判之龙，也为家传之龙提供养分。当工作或者人际关系出现问题时，它们常常责怪他人，几乎不会觉得是自己的问题。

责备之蚁最基础的陈述是这样的:“如果你能做点别的事情,我就不会陷入现在的困境。这是你的错,不是我的责任。”而一旦责备别人,自身就会进入一段危险的“下坡路”(见图 3-2)。

责备他人可以让你暂时摆脱内疚感和责任感,但是,也会让你愈发觉得,生活不由自己控制,而由他人摆布。这种想法会扰乱你的内心,导致焦虑之龙和绝望之龙破壳而出。

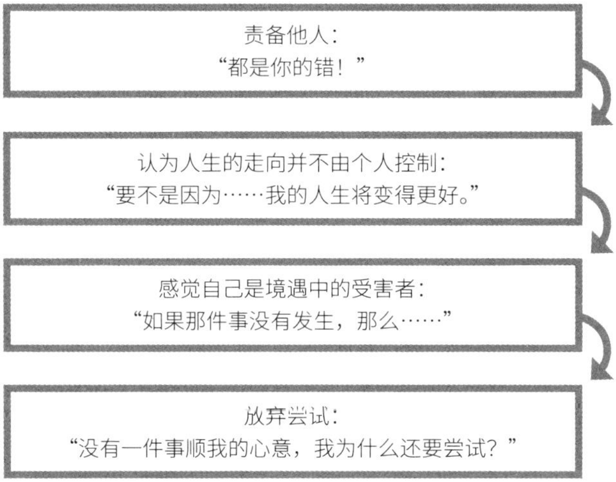

图 3-2 责备别人开启的“下坡路”

很早以前,精神科医生就发现,在心理治疗中表现不佳的患者,也不在乎自己的病情是否好转。事实上,早在西格蒙德·弗洛伊德生活的时代,心理治疗的主要目标就包括增加患者的个人责任感。卡尔·罗杰斯(Carl Rogers)博士甚至开发了“个人责任”测试表,以预测哪些人在治疗后会好转,哪些人则不会。

在所有蚂蚁中,责备之蚁的毒性最强。我管它叫“红蚂蚁”,它不仅会偷走你的幸福,还会榨干你的精力。当你把自己的问题归咎于某件事或某个人时,其实你就沦为了环境的受害者,因为你无法做任何事来改变环境。扪心自问,当问题发生时,你是否说过类似下面这些话:

“那不关我的事。”

“都怪你，我会失败就是因为你没有尽力帮我。”

“吃太多不是我的错，是妈妈让我不要剩菜。”

“客户一直在改变主意，所以我很难赶在最后期限完成。我很痛苦，都是他的错！”

“男朋友没有准时给我打电话，现在去看我想看的那部电影为时已晚。他毁了我的夜晚！”

“我在工作中做了错误的决定，都怪丈夫没能拦住我。”

“没有给我晋升是老板的错。”

“这是我孩子的错。”

“我孩子在学校表现越来越差，这是老师的错。”

“没有做好会前准备不怪我，是他们从来不重视开会。”

“如果你对我好点就不会发生这样的事了。”

“我怎么知道老板两天内就要报告？他应该提前告诉我。”

“你怀孕都怪你自己，你就应该保护好自己。”

“如果真这么重要，你为什么不早提醒我？”

张口就说“都是你的错，我才会……”这样的话，会毁掉你的生活。为了摆脱责备之蚁，你必须以改变为己任。因为这是你的生活，不是别人的生活。

自责同样有害。羞耻之龙可能会让你自责。当他人心烦意乱、焦虑不安或与你意见相左时，如果你总是自责，那请改变你自己，退后一步评估你的责任到底是什么。不要任由你自己或他人的恶龙将你全部的注意力都放在自责上。你要努力成为能指导自己的优秀教练，而不是在精神上荼毒自己、苛待自己。

糟糕的想法会如何改变生活

我接诊患者之后，让患者做的第一个练习是让他们写下 100 只最糟糕的蚂蚁，然后我们一起对每一只蚂蚁进行消除处理。如果你持之以恒地做这样的练习，并在练习中不断思考，我保证你的恶龙再也吸收不了任何养分，你也会摆脱自我挫败的想法，把自己的幸福和命运更好地掌握在自己手中。大脑是通过不断重复的练习来获得学习和成长的。

用散漫或消极的思维方式思考问题是一个糟糕的思维习惯。你投入越多，蚂蚁反而越容易攻击你，占领你的思想高地。而糟糕的思维习惯是通过一个被称作长期增益效应（long-term potentiation）的过程形成的。当神经元共同放电时，它们会连接起来，使消极的想法变得根深蒂固。这就是为什么你需要练习 100 次，来让大脑学会用一种全新且更加理性的方式进行思考。

你不必相信自己的每一个想法。如果你想获得情感自由，自我培养思想引导的技能至关重要。这是建立强大精神纪律的第一步。每当你感到悲伤、愤怒、紧张或失控时，你可以写下脑海中的蚂蚁（可能不止一种）并识别它们的种类。然后，你可以用下面的“灭蚁练习”中提供的拜伦·凯蒂设计的 5 个问题[4]问问自己。这 5 个问题正在改变拜伦·凯蒂的生活。另外，答案没有对错之分，只是帮助你打开视野，看到其他可能性。回答完后，思考每个答案给你的感受，问问自己充斥压力的想法是让生活变得更美好还是更糟糕。

Your Brain is Always Listening

灭蚁练习

蚂蚁：

蚂蚁种类：

5 个问题：

1. 这个想法是真的吗？（有时候，这第一个问题就会阻止蚂蚁入侵，因为你已经知道这个想法不是真的。但也有时候，你会回答：“我不知道它是真是假。”如果你不知道，那请不要表现得仿佛那些负面想法确实存在。还有时候，你可能会觉得负面想法是真实存在的，而这恰恰印证了第二个问题的重要性。）
2. 这是 100% 确定的事实吗？
3. 当我相信这个想法时，我是什么感觉？

4. 如果我没有这个想法，那么我会有什么感觉？
5. 从截然相反的角度审视这个想法。问问自己从相反的角度得出的想法是否真实，或者是否比原来的想法更加真实。然后，深入思考一下这个思维转变的过程。

我的一位患者曾在失业后惊慌失措地给我打电话："我再也找不到工作了。"我引导她通过以下的"灭蚁练习"摆脱了这个想法。

Your Brain is Always Listening
灭蚁练习

蚂蚁：我再也找不到工作了。

蚂蚁种类：预测之蚁。

5 个问题：

1. 这个想法是真的吗？——是的。
2. 这是 100% 确定的事实吗？——不是，我已经给自己安排了很多兼职工作。
3. 当我相信这个想法时，我是什么感觉？——深陷困境、深受伤害、深感无助。
4. 如果我没有这个想法，那么我会有什么感觉？——如释重负、开心、喜悦、自由、就像平常的自己一样。
5. 从截然相反的角度审视这个想法：我可以重新找到工作。

有证据证明这一想法是真的吗：有，我拥有的宝贵技能可以帮助我找到工作。

可以深入思考的想法：我拥有的宝贵技能可以帮助我找到工作。

如果你尝试用这个练习摆脱毒害你最深的想法，那么你的生活将得以改变，因为你的大脑将不再倾听脑海中流淌而过的负面想法，而是开始倾听真相。记住，这不是一种正向思考，而是一种精准思考。为了更加清楚地说明这个技巧，还有一些案例加以辅助。

以下案例来自一位严重抑郁的患者。他的大脑中有很多毒性最强的蚂蚁，其中一只叫作“我会和父亲一样抛妻弃子”。

Your Brain is Always Listening

灭蚁练习

蚂蚁：我会和父亲一样抛妻弃子。

蚂蚁种类：预测之蚁。

5 个问题：

1. 这个想法是真的吗？——不是。
2. 这是 100% 确定的事实吗？——不是，我会永远留在妻子和孩子的身边。
3. 当我相信这个想法时，我是什么感觉？——仿佛在生活中迷失了，感觉自己是个失败者、人渣，也感到悲伤、焦虑、愤怒。
4. 如果我没有这个想法，那么我会有什么感觉？——松了一口气，感到自由、安全。
5. 从截然相反的角度审视这个想法：我不会和我父亲一样抛妻弃子。

有证据证明这一想法是真的吗：有，我和家人在一起，有工作，也没有不良嗜好。

可以深入思考的想法：我不会和我父亲一样抛妻弃子。

以下案例来自一位警官。他觉得自己工作压力很大，但又好像并没有发挥任何作用。

Your Brain is Always Listening

灭蚁练习

蚂蚁：我没有发挥任何作用。

蚂蚁种类：极端之蚁。

5 个问题：

1. 这个想法是真的吗？——是。
2. 这是 100% 确定的事实吗？——不是。
3. 当我相信这个想法时，我是什么感觉？——没用、虚弱、萎靡、难过。

4. 如果我没有这个想法，我会有什么感觉？——乐观、踏实、满足、充满动力、更加快乐。
5. 从截然相反的角度审视这个想法：我正在发挥作用。

有证据证明这一想法是真的吗：有，我每天与他人的交流都在帮助他人。

可以深入思考的想法：我正在发挥作用。

以下案例来自一位与同事争执不休的美国政府工作人员。他告诉我："干得越多越不落好。"

Your Brain is Always Listening

灭蚁练习

蚂蚁：干得越多越不落好。

蚂蚁种类：负面之蚁。

5 个问题：

1. 这个想法是真的吗？——是。
2. 这是 100% 确定的事实吗？——不是。
3. 当我相信这个想法时，我是什么感觉？——愤怒、无用、没有动力。
4. 如果我没有这个想法，我会有什么感觉？——有了目标，感觉活在当下，很快乐。
5. 从截然相反的角度审视这个想法：干得越多，好处越多。

有证据证明这一想法是真的吗：有，我干的事情越多，越能帮助他人并实现自我价值。

可以深入思考的想法：我干的事情越多，越能帮助他人并实现自我价值。

以下案例来自一位有 4 个孩子的单亲妈妈。她长期承受着压力，内心并不快乐，但她从不向家人寻求帮助。她对我说："我应该做个坚强的人。"

Your Brain is Always Listening

灭蚁练习

蚂蚁：我应该做个坚强的人。

蚂蚁种类：负疚之蚁。

5 个问题：

1. 这个想法是真的吗？——是的。
2. 这是 100% 确定的事实吗？——不是。以现实来看，我一个人干不了所有的活。
3. 当我相信这个想法时，我是什么感觉？——受挫、沮丧、不知所措，只想要逃跑。
4. 如果我没有这个想法，我会有什么感觉？——自己像是一个好母亲，因为我会寻求帮助，并且在我需要的时候得到帮助。
5. 从截然相反的角度审视这个想法：我不必成为家里唯一坚强的人。我可以向他人寻求帮助。

有证据证明这一想法是真的吗：有，我的家人已经向我提供帮助，我也可以怀着感激之心接受他们的帮助。

可以深入思考的想法：我可以向他人寻求帮助。

以下是来自吉米的案例，他在我们见面后马上做了 10 个练习。

Your Brain is Always Listening
灭蚁练习

蚂蚁 1：我无法在公开场合演讲。

蚂蚁种类：预测之蚁。

5 个问题：

1. 这个想法是真的吗？——是的。
2. 这是 100% 确定的事实吗？——不是。
3. 当我相信这个想法时，我是什么感觉？——有如石化，感到惊慌失措、羞愧难当。
4. 如果我没有这个想法，我会有什么感觉？——充满自信。
5. 从截然相反的角度审视这个想法：我可以在公开场合演讲，而且已经演讲了很多次。

可以深入思考的想法：我可以在公开场合演讲。

蚂蚁 2：我还是别活了。

蚂蚁种类：极端之蚁、负面之蚁。

5 个问题：

1. 这个想法是真的吗？——不是。
2. 这是 100% 确定的事实吗？——不是。
3. 当我相信这个想法时，我是什么感觉？——感到悲伤，感觉自己毫无价值、无可救药。
4. 如果我没有这个想法，我会有什么感觉？——比之前开心，想要活下去。
5. 从截然相反的角度审视这个想法：我有很多活下去的理由，其中最重要的就是照顾妻子和孩子。

可以深入思考的想法：活下去更好。

蚂蚁 3：我看上去很愚蠢。

蚂蚁种类：预测之蚁、标签之蚁、弱势之蚁。

5 个问题：

1. 这个想法是真的吗？——不是。
2. 这是 100% 确定的事实吗？——不是。
3. 当我相信这个想法时，我是什么感觉？——觉得自己愚蠢。
4. 如果我没有这个想法，我会有什么感觉？——感到放松，觉得自己聪明。
5. 从截然相反的角度审视这个想法：我看上去一点也不愚蠢，因为我在工作中获得了晋升，也和妻子组建了家庭。

可以深入思考的想法：我看上去很聪明。

蚂蚁 4：办公室里的每一个人都比我聪明。

蚂蚁种类：弱势之蚁、极端之蚁。

5 个问题：

1. 这个想法是真的吗？——不是。
2. 这是 100% 确定的事实吗？——不是。

3. 当我相信这个想法时，我是什么感觉？——觉得自己没有能力。
4. 如果我没有这个想法，我会有什么感觉？——觉得自己很有能力。
5. 从截然相反的角度审视这个想法：我和办公室里的其他人一样聪明。因为我顺利从大学毕业，还有一份很好的工作。

可以深入思考的想法：我和办公室里的其他人一样聪明。

蚂蚁 5：我不是一个好父亲，因为我会管教孩子。

蚂蚁种类：弱势之蚁、极端之蚁、负疚之蚁。

5 个问题：

1. 这个想法是真的吗？——不是。
2. 这是 100% 确定的事实吗？——不是。
3. 当我相信这个想法时，我是什么感觉？——我是一个糟糕的父亲，不如别的父亲那样优秀。
4. 如果我没有这个想法，我会有什么感觉？——觉得自己很强大，像一个好父亲。
5. 从截然相反的角度审视这个想法：我是一个好父亲，因为我是用爱管教孩子。如果我从不管教孩子，那他们在成长过程中就会不讲规则，这对他们来说并不是好事。在以后管教孩子时，我也要努力考虑得更加周全。

可以深入思考的想法：我是一个好父亲，因为我是用爱管教孩子。

蚂蚁 6：我是一个软弱的人。

蚂蚁种类：标签之蚁、极端之蚁、负面之蚁。

5 个问题：

1. 这个想法是真的吗？——不是。
2. 这是 100% 确定的事实吗？——不是。
3. 当我相信这个想法时，我是什么感觉？——缺乏信心。
4. 如果我没有这个想法，我会有什么感觉？——有信心。
5. 从截然相反的角度审视这个想法：我并不软弱。我是从巨大创伤中走出来的幸存者。

可以深入思考的想法：我是强者。

蚂蚁 7：我有心理疾病。

蚂蚁种类：标签之蚁。

5 个问题：

1. 这个想法是真的吗？——是的。
2. 这是 100% 确定的事实吗？——不是。我的大脑有健康问题，正在接受治疗。
3. 当我相信这个想法时，我是什么感觉？——我觉得我和他人不同。
4. 如果我没有这个想法，我会有什么感觉？——我觉得我是一个正常人。
5. 从截然相反的角度审视这个想法：我没有心理疾病，只是大脑健康出了问题，而且之前从未得到过妥善治疗。

可以深入思考的想法：我的大脑健康出了问题，但是如果有我这样的经历，谁的大脑不会出问题？我每天都在努力接受治疗。

蚂蚁 8：我不够优秀。

蚂蚁种类：弱势之蚁、极端之蚁、负面之蚁。

5 个问题：

1. 这个想法是真的吗？——是的。
2. 这是 100% 确定的事实吗？——不是。
3. 当我相信这个想法时，我是什么感觉？——弱小、低人一等。
4. 如果我没有这个想法，我会有什么感觉？——自由、快乐、满足。
5. 从截然相反的角度审视这个想法：我已经很优秀了。

可以深入思考的想法：我已经很优秀了。

蚂蚁 9：我之所以被送走，是因为我是家里最坏的孩子。

蚂蚁种类：极端之蚁、标签之蚁。

5 个问题：

1. 这个想法是真的吗？——不是。

2. 这是 100% 确定的事实吗？——不是。
3. 当我相信这个想法时，我是什么感觉？——糟糕。
4. 如果我没有这个想法，我会有什么感觉？——被关爱。
5. 从截然相反的角度审视这个想法：我之所以被送走，是因为我的母亲当时已经焦头烂额、不知所措。她认为我的祖父会给我提供更好的生活，因为祖父是一个成功的商人。

可以深入思考的想法：我的母亲当时已经焦头烂额、不知所措，所以我原谅她把我送走的行为。

蚂蚁 10：我是个另类，我无法融入集体。

蚂蚁种类：标签之蚁。

5 个问题：

1. 这个想法是真的吗？——不是。
2. 这是 100% 确定的事实吗？——不是。
3. 当我相信这个想法时，我是什么感觉？——被人拒绝。
4. 如果我没有这个想法，我会有什么感觉？——被人接受。
5. 从截然相反的角度审视这个想法：我能理解人与人之间的差异。

可以深入思考的想法：我是独一无二的，我可以理解我身上的特点。

Your Brain is Always Listening

第 4 章

逆转恶习之龙，审视无意识行为

除非你把无意识变成有意识，否则它会操控你的人生，而你将称其为命运。

——卡尔·荣格

虽然你的大脑总是在倾听恶龙的一言一语，但是你的生活在很大程度上是由习惯支配的。你所做的每一件事情几乎都是基于人生中逐渐养成的习惯。日常习惯由诸多例行琐事组成，比如，不吃面包，在挂断电话时向另一半表达爱意，每天早上为另一半用杏仁奶做一杯无糖、无咖啡因的卡布奇诺，刷牙，使用牙线，剃须，吹干头发，洗澡，喂宠物，收拾碗碟，丢垃圾，洗衣服。习惯是一种几乎无须经过大脑思索的自动化行为。

前额叶是大脑中的驯龙者；杏仁核位于大脑的情感区域，会对威胁做出反应；而基底神经节则是大脑中形成并巩固习惯的区域。前额叶、杏仁核与基底神经节会持续协作，仿佛在跳一段不停歇的舞蹈。当你的驯龙者健康、强壮时，它可以指导、监督你养成健康的习惯；当你的驯龙者软弱无力时，你会更容易被未驯服的恶龙所影响，让冲动占据上风，许多坏习惯随之形成。无论是好习惯还是坏习惯，形成习惯所需的能量是一样的。

有些习惯会推动你的生活朝着值得骄傲的方向前进，而有些习惯则会给你的人际关系、工作和财务状况带来麻烦。会给你带来伤害的习惯包括：浪费时间、打断他人、与人争吵、生活杂乱无章或者丢三落四。别再用自动驾驶模式驱动你的言行，让驯龙者用有意义的方式去引导你吧，这会让你变得更幸福，收获更好的人际关系，整体上变得更加成功。举个例子，每当餐厅服务员问我是否要点一杯酒，并把餐前面包留在餐桌上时，我都明白我的回答将影响自己的健康。我不仅不会点酒，还会让服务员把面包撤走。我的自动化反应就是习惯，它储存在大脑的基底神经节区域。习惯的养成是一个长期的过程，习惯既可以让人获得健康、保持活力，也可以让人染上疾病、长期抱恙。

对服务员说“不”是一种“习惯”，会直接影响接下来的用餐。你知道为什么服务员要先问你想喝什么酒，然后把免费面包端上桌吗？因为酒精和面包都会减少流向前额叶的血流量，让驯龙者变得疲惫无力。酒精会直接削弱前额叶的功能，这就是为什么酒喝得越多，你做出的决策就越糟糕。面包会在胃里迅速转化为糖，血糖随即飙升，从而导致色氨酸进入大脑。血清素由色氨酸形成，是一种可以让人“感到快乐、去除烦恼”的神经递质。类似于酒精对大脑产生的影响，血清素也会导致流向前额叶的血流量减少，所以即便你在餐前告诫自己点餐要理性、适度，你还是会更容易点一些诸如甜点之类的并不必要的食物。我经常用一句话告诫我的患者和我自己：“做一次决定，而不是做30次决定。”如果我第一次就下定决心把面包撤下餐桌，那我以后就不会看见面包30次，然后做30次不吃面包的决定。

大多数人认为习惯的养成是一种单一的任务，然而习惯通常是由许多更小的行为、更小的习惯堆积组成的。以我不吃面包的习惯为例：

服务员自动把面包端上桌。

我会说：“不用了，谢谢，请把面包拿走。”

服务员通常会一脸惊讶地说：“你确定吗？这个面包真的很好吃。”

我会说：“我非常确定。”

两分钟后，餐厅的勤杂工发现我的餐桌上没有面包，就又给我上了一份面包。我会说：“请把面包拿走。”

习惯是通过“长期增益效应”的过程形成的。当神经元共同放电时，它们会连接起来，让习惯和反应在你的生活中变得根深蒂固。无论学的东西是好是坏，只要大脑开始学习新事物，长期增益效应就会出现，使脑细胞网络建立起新的连接。在学习过程的早期阶段，脑细胞网络的连接十分微弱，比如我必须经过非常认真的考虑，才能对面包说“不”。但随着时间的推移，不断重复的行为会让脑细胞网络的连接变得更强，让这一行为更有可能变成自动化、反射性或者习惯性的行为。

驯龙TIPS

Your Brain is Always Listening

形成好习惯所花费的精力，和形成坏习惯所花费的精力一样多。

什么样的习惯是坏习惯？坏习惯会对你的健康、人际关系或者财务状况产生负面影响，会让他人对你动怒，还会演变成左右大脑的恶龙。坏习惯可以通过训练矫正。坏习惯的数量之多，不胜枚举。为了加以说明，我们将探索10种坏习惯，即10种常见的恶习之龙，这些恶龙会窃取你的幸福、健康和良好的人际关系。

本章讨论的10种恶龙包括：好人之龙、拒绝之龙、插话之龙、谎言之龙、分心之龙、拖延之龙、凌乱之龙、担忧之龙、暴食之龙、浑噩之龙。

先讲解一下驯化恶龙或令恶习之龙改邪归正的5个简单步骤。

步骤1：识别并开始追踪恶习之龙。你可以为不良习惯划定一条基线，并记录它出现的频率。这样一来，你就可以知道自己的进步过程。每次用30天左右的时间，驯化一种恶习之龙。

步骤2：找出诱发坏习惯的线索或原因。比如，当我去餐厅吃晚饭时，我会问自己下面这些问题：

- 现在是什么时候？——晚上。
- 你在哪里？——餐厅。
- 你和谁在一起？——我和妻子或者朋友。

- 你感觉怎么样？——还算快乐。
- 发生了什么事情？——服务员询问是否需要酒，并把面包留在餐桌上。

回答这 5 个问题，将帮助你了解诱发不良行为的线索或者原因。

步骤 3：思考这种行为的回报或好处是什么。搞清楚你需要什么，是快乐、能量、幸福、宽慰、放松、爱情，还是别的什么东西？

步骤 4：思考是否有其他可以获得同等或更多好处的方法。每当你觉得自己的某个不良习惯将要被诱发时，你可以尝试用有利于身体健康和个人幸福的方式，做能得到同等好处的替代性的事情。只有充满爱意的行为，才会让你感受到爱意的回赠。比如，当你想在餐厅里吃点什么的时候，就点一些胡萝卜、黄瓜或芹菜，你的嘴里会发出让你满足的嘎吱声。

在认真考虑健康问题之前，我曾经屈服于对面包的渴望，尤其是抹着黄油的那种新鲜烘焙的面包。然而，当理性占据上风时，我意识到比起从不健康的食物中获得短暂快乐的自己，我更爱那个身体健康、精力充沛、认知清晰、能穿上高中时同码牛仔裤的自己。认真考虑健康问题带来的好处比之前多多了。现在，免费面包在我的眼中与大规模杀伤性武器无异，屈从于对健康不利的行为会让我感到糟糕透顶。

步骤 5：制订新的日程计划。现在你知道了诱发不良习惯的线索和改正恶习后可以获得的奖励，你可以通过制订新的日程计划来获得你想要的东西。在第 7 章，你将学习通过 OPM（one page miracle）练习来梳理你的目标。你还得专注于那些改正不良习惯后可以获得的回报。我们可以用几个简单的问题来帮助你改掉不良习惯，比如：

1. 你想要改变的习惯是什么？——不吃夜宵。

2. 诱发这种习惯的线索是什么？——晚餐后，独自一人或者与朋友在一起。

3. 你想要获得什么回报？——最初想要获得的回报是控制食欲、改善习惯性饮食模式。无论想吃的东西是好是坏，大脑对想吃的东西都是一视同仁的。改变这种习惯可以带来的回报是长期控制食欲，形成更好的饮食习惯。

4. 你会如何制订新的日程计划？——我不会在晚饭后吃东西，直到第二天上午 10 点左右。当我想吃东西的时候，我会先喝一杯水或者出门散个步。

詹姆斯·克利尔（James Clear）在《原子习惯》（*Atomic Habits*）一书中提出，养成新习惯需要以下几个步骤：首先，让这个新习惯变得显而易见，了解诱发习惯的线索；其次，设置奖励，让新习惯变得有吸引力；再次，把新习惯纳入每天的日程计划，实践起来越简单越好；最后，把新习惯变得让人有满足感。[1]

好人之龙：先满足和取悦自己

取悦他人的好人之龙会让人感到不堪重负、内心痛苦、长期压抑。和许多坏习惯相似，这种恶龙与前额叶不活跃有关，它会削弱人们的远见力。当有人请你帮忙时，你条件反射般一口答应，没有周全考虑后果，结果忙得没有时间照顾家庭、处理其他要紧的事。好人之龙起源于漠视之龙、焦虑之龙和羞耻之龙。这些恶龙误以为对他人付出越多，就越会受到认同和喜爱。

我曾经治疗过一位名叫卡特的律师，他告诉我由于太过繁忙，他没有时间锻炼身体，也没有时间做到健康饮食。当我们一起回顾完他的一周，我发现他总是花很多时间满足他人的需求，却很少花时间满足自己的需求。于是，我教给他一句有神奇效果的话："我必须考虑一下。"我让他对着镜子反复练习。然后，他要用以下问题来筛选每一个需求："这个需求符合我的生活目标吗？"即这个需求是否与他的人际关系、工作、经济以及身心健康的目标相符。3 个月后，这个简单的练习改变了他的生活。他有更多的时间陪伴妻儿，也拥有了更加充足的睡眠时间，甚至还留出时间无偿帮助别人，而帮助别人也是他的目标之一。

以下是控制好人之龙的方法。

方法 1：判断自己是否有这个习惯。如果你经常感到不知所措、疲惫不堪，或者觉得没有自己的时间，那这条恶龙很可能正在撕咬你。你得追踪这条恶龙。

方法 2：探求引发这个习惯的原因。这些原因包括试图取悦他人、冲动地做出回应、避免感到内疚等。

方法 3：明确摆脱这个习惯前后自己得到的奖励。有这个习惯时的奖励是受人重视，成为他人眼中的好人。摆脱这个习惯后获得的奖励是能够把时间花在更重要的事情上。

方法 4：重新建立日常习惯。每当有人有求于你时，你可以先说"我必须考虑一下"，然后按照自己的目标，决定最终的回复。如果你觉得他人的请求与自己的目标不符，那就坚定且礼貌地婉拒："我的日程中实在容纳不进这件事了。"请至少在 3 个每天能看到的地方贴上"我必须考虑一下"这句话。

驯龙 TIPS

Your Brain is Always Listening

新的日常习惯："我必须考虑一下。"

问问自己："这件事是否符合我的目标？"

拒绝之龙：重视与他人的融洽合作

拒绝之龙与上一种恶习之龙截然相反，其心智如同两岁孩子的心智。两岁孩子坚持自我独立，不经思考就自动说“不”，这是正常的表现。在我的孩子两岁时，如果我想要他们亲我，我通常会使用逆反心理，说我不想要他们亲我，这种激将法通常会奏效。你可千万不要因此指责我是个控制狂。孩子们通常在三四岁的时候就会出现自动说“不”的心理状态。在他们两岁的时候，自动说“不”的行为很可爱；但如果他们在 6 岁、16 岁、46 岁乃至 86 岁的时候还这样，那可真是烦人透顶。

许多年前，我发现那些喜欢争论和反驳、总是自动说“不”的人，大脑的前扣带回活动相较他人更加显著。我们可以把前扣带回想象成大脑的换挡器，它与大脑的认知灵活性相关，能够让人转移注意力、发现机会并识别错误。当前扣带回工作过度时，人们往往只能听见恶龙和蚂蚁的声音。人们会开始焦虑，执着于某些念头，认知变得僵化或不再灵活，并心怀怨恨，满眼都是自己和他人身上出现的错误，经常把“不”“不行”“绝不可能”“你不能逼我这样做”这样的话挂在嘴边。

我父亲就惹上了拒绝之龙，他大脑的前扣带回活动异常激烈。每当我向他提出请求，比如向他借车，总是被他断然拒绝。我和兄弟姐妹都知道，每当我们想从父亲那里得到什么，他肯定会先说“不行”，一两周后，他会重新考虑，有时也会改变主意。“不行”是他对别人请求的第一反应。

1972 年，我刚年满 18 岁，达到应征参军的年龄，而我从小就想当一名兽医，当我表现出想参军担任兽医助理时，父亲说我肯定做不了。这就是他的下意识反应。那么接下来我干了什么呢？参军！如果他说“这个想法挺有趣的，我们来谈谈吧”，那么，我可能永远不会参军。

拒绝之龙会给人际关系带来压力。一个男人向我倾诉，每当他想和妻子亲热时，他必须假装并没有这种想法。他说：“如果我直接开口问她，100 次里她会有 99 次说‘不’。如果晚上我锁上卧室的房门，发出想要和她亲热的信号，她就会变得紧张起来，并说自己不感兴趣；但如果我表现得毫无兴趣，只是长时间地抚摸她的后背，那我或许还会有亲热的机会。为了和妻子亲热，我需要花费如此多的精力去计划和安排。”自动拒绝他人，会给许多类型的人际关系带来巨大的压力。

以下是控制拒绝之龙的方法。

方法 1：判断自己是否有这个习惯。如果你的第一反应是说“不”，或者别人还没说完他的想法，你就开始想自己的观点，那么你很可能招惹上了这种恶习之龙。不要自动否认，因为这就是这种恶龙的天性。你得追踪这种恶龙。

方法 2：探求引发这个习惯的原因。这些原因包括他人有求于你，或者你正在进行一场情绪化的谈话。

方法 3：明确摆脱这个习惯前后自己得到的奖励。有这个习惯时的奖励是做了正确的事情，对凡事有掌控感，自己的时间和决定都由自己说了算。摆脱这个习惯后获得的奖励是与他人之间的合作更加密切、关系更加融洽。

方法 4：重新建立日常习惯。当你准备对问题说“不”或拒绝请求前，先控制住自己，喘口气，想想拒绝是不是最佳方案。做个深呼吸往往很有帮助，只要在回应前多给自己争取一些时间就好。比如，如果你的伴侣请求你做某件事，拒绝之前先深呼吸，问问自己说“不行”是否对你们两个人最有利，是否与你为这段关系制定的目标相符合。事实上，我为上一种恶习之龙准备的台词“我必须考虑一下”，在这里也可以使用。自动拒绝已经摧毁了很多人际关系，所以，在说出“不行”前，静下心来问自己，它是不是你真正想说的话。

驯龙 TIPS

Your Brain is Always Listening

新的日常习惯：当你发现自己有与人争论或拒绝他人的下意识行为时，深吸一口气，问问自己如何回应对当下的情状和人际关系才是最有利的。

插话之龙：积极倾听，正确提问

你能在任何美国政论脱口秀节目里，看到并听到插话之龙的互相嘶吼和谩骂。它们并不会认真倾听，只是将脑子里冒出的第一个想法脱口而出。一旦别人开口说话，拥有这类恶龙的人压根儿不听说话的内容，就开始准备回应这番话了。政治评论家会这么做，管理者会这么做，很多父母也会这么做，而这种做法将切断人与人之间的沟通。

多年来，很多患者告诉我，他们想到什么就说什么，从不藏着掖着，而我觉得，这种沟通方式通常没什么好处。插话之龙会削弱大脑前额叶的活动，惹上这种恶龙的人通常会不假思索地把想法说出来。但建立健康的人际关系，需要三思而后行。所以，开口说话前，你得想想自己的话可能会对他人产生什么影响。

我在讲课时经常问听众一个问题："在座各位有多少人结婚了？"台下会有一半的听众举手。然后我再问："说出你在婚姻中的所有想法，会对你有帮助吗？"听众们哄堂大笑，齐声回答："不会！"

这种恶龙非常粗鲁，喜欢主导谈话。招惹上这种恶龙的人，常常会用以下理由为自己的粗野行为辩护：如果不大声说出来就会忘记自己要说什么。除此之外，他们也不喜欢排队。一旦父母或主管招惹上这种恶习之龙，孩子或员工通常会陷入沉默。

多年来，我见过许多心门紧闭的青少年。他们的父母喜欢对他们指手画脚，压根儿不听他们的想法，只会不停地向他们灌输应该如何思考的观点。这就是布兰登的遭遇。15 岁时，他变得抑郁和叛逆。一放学回家，他就把自己关在房间里，只在想要吃东西的时候出来。如果父母尝试着哄他走出房间，他就会大发脾气，让父母别管自己。父母认为布兰登有心理问题，就带他来见我。他们告诉我，布兰登不爱说话，认为他肯定也不会和我交谈。我请他的父母让我和布兰登单独聊聊。

在我们独处时，我告诉布兰登我会倾听他的心声，并留给他表达自己的空间。一段时间后，他对我敞开心扉。他说父母从不让他说完一句话，也不允许他表达自己的观点，所以他放弃了与他们沟通。于是，我邀请他的父母一起参与治疗。我帮助他的父母认识到，他们既是布兰登出现心理问题的部分原因，但也可以成为解决他心理问题的部分助力。

以下是控制插话之龙的方法。

方法 1：判断自己是否有这个习惯。你是否曾被告知打断对话或在交谈中太快插嘴？别人在你身边时会变得沉默不语吗？你习惯于不提前考虑他人的感受就直言不讳，或倾向于不经思考就开始行动吗？

方法 2：探求引发这个习惯的原因。这些原因包括和关系好的同事、朋友等亲近之人进行交谈，醉得不省人事（这种时候你不能再碰酒），感到疲惫、愤怒，与他人争吵，伴侣的话让你倍感压力。

方法 3：明确摆脱这个习惯前后自己得到的奖励。有这个习惯时的奖励是能发泄、释放愤怒，缓解压力，表达自己的观点，进行自我肯定。摆脱这个习惯后获得的奖励是与他人有了更多的联系，拥有了更好的人际关系，也从他人那里学到了很多。

方法 4：重新建立日常习惯。有两种方法可以帮助你驯服插话之龙，更好地与他人沟通，让整体的人际关系变得更加健康。第一种方法是学会问一句“然后呢”，第二种方法是积极倾听他人的反馈。

在你开口前，想想自己的话可能会对他人产生什么影响。我经常教患者问自己：“如果我说这句话，或者如果我干这件事，会带来怎样的后果？它能否拉近我与另一半的关系，或促进我与老板的关系，或帮助我的孩子在成长中越来越有责任感，或改善我自己的健康状况？”当你以内心真正的渴望为准绳，花越多力气提前省察自己的言行，你就越不会用“诚实到残忍”的态度去对待他人。

驯龙 TIPS

Your Brain is Always Listening

新的日常习惯：在你开口说话前，想想说完后会发生什么。

积极倾听对促进沟通有巨大的作用，是一种能够屏蔽所有恶龙声音的方法。这种方法很简单，具体如下：

第一步：倾听对方说话，不要插嘴，无论你有多想打断对方的话。

第二步：重复你听到的话“我听到你说……”。

第三步：倾听话语背后对方的感受，比如，“听起来你现在很沮丧”。

第四步：仔细倾听对方的回答，并再次做出回应。

积极倾听迫使你集中注意力，并阻止你思考接下来自己要说的话，只有这样，你才能听到对方的心声。积极倾听可以促进沟通，即刻消除误解，并平息冲突。当人们感到自己在被倾听时，他们往往也能畅所欲言，并在交谈中解决自己的问题。当人们觉得自己没有被倾听，或者有人在他们面前夸夸其谈时，他们的漠视之龙、愤怒之龙就会被诱发。积极倾听可以在短时间内奇迹般地改变人际关系。

驯龙 TIPS

Your Brain is Always Listening

新的日常习惯：积极倾听，重复你听到的话“我听到你说……”。

谎言之龙：记录、警觉和改变

撒谎会让人与人之间产生信任危机，如果你能对别人撒谎，那么你也会欺骗自己。当然，你不必“诚实到残忍”。我经常告诉我的患者，表达方式多种多样，相比于直言不讳，可以用更加委婉的方式传达想法。撒谎是一种常见的坏习惯。一项研究表明，大多数人每天都会撒一两次谎。[2] 人们撒谎的原因有很多，包括：避免被惩罚，这是焦虑之龙在作祟；保护自我，这是受伤之龙在作祟；避免让别人失望，这是焦虑之龙在作祟；避免尴尬，这是羞耻之龙在作祟；获得本不应得的奖励，这是权欲之龙在作祟；提升自己，这是漠视之龙在作祟；保护他人不受惩罚，这是责任之龙在作祟；摆脱让人不适的社交环境，这是焦虑之龙在作祟；用权力向他人施压，这是愤怒之龙在作祟。

撒谎甚至会摧毁你的健康。一项研究发现，81% 的患者至少会对医生撒一种谎：不按照医嘱服药，不定期锻炼或根本不锻炼，不理解医嘱，不同意医生的建议，保持不健康的饮食方式，服用别人推荐的药物。[3] 如果你对护理你的人都不诚实，那你几乎不可能得到所需的帮助。

一般的撒谎者和病态的撒谎者之间存在区别。一般的撒谎者是指说无害、善意谎言的人，有以下特征：

- 对别人的赞美并非百分百真诚。
- 当别人表现不佳时，仍夸奖他们表现出色。
- 假装忙碌以避开他人。

病态的撒谎者有以下特征：

- 习惯性撒谎，即便得不到什么明显的好处。
- 用撒谎把自己塑造成英雄或受害者，他们的故事极具戏剧张力，且剧情复杂、细节满满。
- 从逃避惩罚中获得快感。
- 比一般的撒谎者每天撒更多的谎。
- 常见于年轻且具有较高职业地位的男性，如基金经理、律师和医生。
- 对伴侣和孩子撒谎最多。
- 认为撒谎是可以被接受的，且不会出于内疚或害怕暴露而停止。
- 更有可能为了自己的利益而撒谎，比如保住一个秘密。

Your Brain is Always Listening
驯龙小讲堂

如何应对孩子撒谎

作为一名儿童精神科医生，多年以来我一直在做父母培训项目。该项目的第一步，是让父母在家里制定一些指导孩子行为的规则。第一条规则就是“说实话”。教会孩子诚实是你能给他们最好的礼物之一，这可以帮助他们在人际关系中与他人建立信任。另外，如果他们能对别人诚实，那他们就更有可能对自己诚实。因此，当孩子为了摆脱麻烦而撒谎时，既要惩罚其本身犯的错误，也要惩戒撒谎这一行为。规则很清楚：说实话！另外，撒谎包括小谎和大谎。我发现，当你允许孩子说小谎时，撒大谎就变得更加容易。当然，如果你想让孩子遵守这条规则，你自己就不能撒谎。孩子会学习父母的一言一行，但不会听父母的说教。当有人打电话给你，而你不想说话时，请不要让孩子替你撒谎，说你不在家。这是在教孩子，撒谎没什么大不了。

当孩子有经常撒谎的问题时，我会教父母做一种叫作“真相训练”的练习。在这个练习中，父母要把撒谎当作一个需要解决的问题，而不是认定孩子的性格存在问题。6 岁时，我对母亲撒了个谎，我还记得她哭着对我说，她从没想过自己的孩子以后可能会下地狱。请不要对孩子说这样的话。当孩子撒谎时，首先告诉孩子为什么撒谎是一个问题，因为撒谎会失去他人的信任。然后，告诉孩子你会问一些你已经知道答案的问题。如果他能诚实回答，你会非常高兴，还会给他一些小奖励，比如，多陪他玩一会儿；如果他撒谎，就会受到惩罚，比如，要做一些额外的家务。用实事求是、不被情绪左右的方式开始"真相训练"吧，一直鼓励孩子说实话吧！

如果我说撒谎是一个容易改正的习惯，那么我一定是在撒谎。

以下是控制谎言之龙的方法。

方法 1：判断自己是否有这个习惯。记录下你在今天和一周内撒谎的次数。

方法 2：探求引发这个习惯的原因。这些原因包括觉得自己被困住、不想伤害别人的感情、讨厌真相。

方法 3：明确摆脱这个习惯前后自己得到的奖励。有这个习惯时的奖励是看看前两页人们撒谎的原因中，与你相符的有哪些，那就是你得到的奖励。摆脱这个习惯后获得的奖励是获得更良好的自我感觉、对事实的记忆更清楚、压力更小。

方法 4：重新建立日常习惯。把撒谎看作一个问题，而不是你品性的反映。你要立刻停止对专业医疗人员撒谎。我经常对我的患者说，他们在接受治疗过程中的首要工作就是告诉我真相；否则，治疗就是在浪费每个人的时间和他们自己的金钱。当你发现自己就要撒谎时，深呼吸，停顿一下，然后说"我的意思是……"，接着说出真相。

请记录你的谎言，保持对这些谎言的警觉性。当你不再撒谎时，你的自尊心就会得到提升。如果你不能停止撒谎，那请你寻求专业帮助。你可能患有多动障碍或影响判断能力的相关大脑疾病。

驯龙TIPS

Your Brain is Always Listening

新的日常习惯：当你发现自己就要撒谎时，深呼吸，然后说“我的意思是……”，接着说出真相。

分心之龙：善用工具建立习惯

智能手机、笔记本电脑、平板电脑以及互联网社交媒体等偷走了人们的时间和注意力。很多人一边看电视，一边玩其他设备。科技公司不断创造让人上瘾、吸引注意力的小玩意儿，让人们花更少的时间维系有意义的人际关系。许多人在吃饭时玩手机，而不是与家人交流。近年的一项研究发现，青少年每天花在娱乐媒体上的时间平均为 9 小时，这比他们每天睡觉的时间还长；10 ～ 12 岁的青少年每天至少上网 6 小时。[4]

科技“劫持”了正在发育的大脑，这对很多人会产生非常严重的后果。随着人们玩电子游戏和使用电子设备的时间越来越长，人们出现肥胖和抑郁的概率也在增加。[5] 佐治亚州理工学院媒体研究主任和交互计算教授伊恩·博戈斯特（Ian Bogost）是一位知名的电子游戏设计师，曾设计过《点击奶牛》（*Cow Clicker*）、《残忍的善意》（*Cruel 2 B Kind*）等游戏。他将这波由科技孕育的新习惯浪潮称为“21世纪的香烟”，警示人们科技创造的小玩意儿和香烟一样让人上瘾，而且还有潜在的破坏性副作用。[6]

电子设备革命的影响正在显现。微软在 2015 年发布的一项研究报告称，当前人类的注意力只能集中大约 8 秒，而金鱼会在 9 秒后转移注意力。[7] 生物进化似乎正朝着错误的方向发展。2000 年，人类的注意力集中时长平均约为 12 秒，这个数据并不算好。但令人担忧的是，人类在 15 年后注意力集中时长缩短了三分之一！[8]

刊登在《哈佛商业评论》上的一篇文章《小心忙碌的管理者》（*Beware the Busy Manager*）[9] 指出，不健康的生活方式正在削弱人们的工作能力。只有 10% 的管理者能够同时保持高度的专注和充沛的精力，而这两个也是获得成功的主要因素。这篇文章还发现，20% 的管理者无所事事，30% 的管理者容易拖延怠惰，40% 的管理者极易分心走神（见图 4-1）。这意味着 90% 的管理者以及除管理者以外的其他人，很可能都缺乏专注力和充沛的精力。

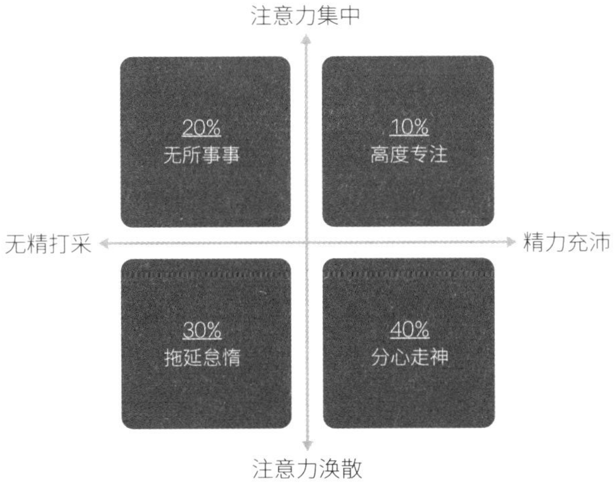

图 4-1　管理者在注意力和精力上的数据统计

以下是控制分心之龙的方法。

方法 1：判断自己是否有这个习惯。记录下自己每小时分心的次数。

方法 2：探求引发这个习惯的原因。这些原因包括被电话、邮件、社交媒体上的信息等狂轰滥炸。

方法 3：明确摆脱这个习惯前后自己得到的奖励。有这个习惯时的奖励是满足自己欲知后事的瘾，或者用娱乐来分散注意力，这样就不用面对问题了。摆脱这个习惯后获得的奖励是有更多的时间，更少的压力，更好的专注力。

方法 4：重新建立日常习惯。当你需要完成某件事时，把手机调成飞行模式，这样你的工作效率会大幅提高。

驯龙 TIPS

Your Brain is Always Listening

新的日常习惯：当你需要完成某件事时，把手机调成飞行模式。

拖延之龙：记录、分析和奖励

拖延是指不必要地推迟决定或行动的行为。拖延的人常常等到最后一分钟才把事情做完，比如，等到最后一分钟才完成作业、文书工作或家务，等到最后一分钟才付完账单，购买生日礼物、周年纪念日礼物或圣诞节礼物等等。拖延会让你感到压力倍增，也往往会惹恼你身边的人，因为他们得为你收拾烂摊子。

不到最后一分钟，拖延之龙就无法让你启动大脑去完成工作。很多父母告诉我，他们经常和自己年幼或进入青春期的子女争吵不休。父母希望孩子能尽早着手学校的课业项目，并逐步完成，而不是在截止日期前一天才临时抱佛脚。很多人也告诉我，他们上大学时从来不写学期论文，或者在论文提交截止日期的前一晚来赶工。拖延会让你工作得不够理想、不够完整或者压根儿没有完成工作。

拖延是多动之龙的标志之一，这表明你的驯龙者——前额叶还不够强大。拖延还与很多因素有关，比如，目标过于抽象、抑郁、追求完美、从不觉得自己能把事情做好、害怕失败、精力不足等等。

以下是控制拖延之龙的方法。

方法 1：判断自己是否有这个习惯。记录下每天拖延的次数，或每天说过、想过“明天再做”的次数。

方法 2：探求引发这个习惯的原因。比如，一项任务或一个决定正摆在你面前，但你宁愿做别的事情。

方法 3：明确摆脱这个习惯前后自己得到的奖励。有这个习惯时的奖励是无须消耗精力，也不需要做出努力；可以保持活在当下的状态；虽然得不到未来的回报，但可以获得即时的满足。摆脱这个习惯后获得的奖励是以更少的压力完成更多的工作，而且能把工作做得更好。

方法 4：重新建立日常习惯。就像撒谎不是性格有问题一样，拖延也不应该被当作是性格有瑕疵，而只是一个需要克服的困难罢了。克服拖延的秘诀在于找到干完事情的方法。

我克服拖延的方法很简单，只需要以下几个简单的步骤。

步骤 1：知道自己想要什么。我生活中的大多数事情是从问自己这个问题开始的：你的目标是什么？写下来，然后每天看一看。我每天要做的第一件事，就是查看我的“OPM 练习表”和“待办事项”。不要一次性做太多事情，否则你几乎干不完，因此我还给自己制订了“勿做清单”。苹果公司首席执行官蒂姆·库克（Tim Cook）曾说：“我们每天都要对好点子说‘不’，这样做是为了产生伟大的创意。”[10]

步骤 2：在每天的开始，留 1 ～ 3 分钟的时间和自己对话。亚蒙诊所有每天开会的习惯，通过每天几分钟的晨会，团队可以在明晰整体目标的背景下，回顾前一天发生的事情并确定当天的工作目标。对话沟通可以让我们有节奏地完成工作；简短的自我沟通，又可以大幅提升工作效率。在综合考虑生活的方方面面后，你要定下自己当天要完成的事情，可以写 3 件事，然后从最重要的一件开始。

步骤 3：先做最重要的事情。餐后吃甜点是有原因的。如果先吃了甜点，你就得不到所需要的营养。不要在餐前吃甜点，也就是说要在你精力最充沛的时候，先完成一天中最重要的任务。

步骤 4：用最少的步骤实现你的目标。实现目标的过程就像试图移动一块巨石。这不是努力就能解决的问题，而是如何运用正确的工具、制订好计划的问题。你需要什么工具来完成任务？合胃口的食物、运动服、金融追踪工具？你得确保自己在付出努力之前备好这些工具。比如，我会规划好锻炼时间，而不是“有时间再锻炼”。只要我安排得好，没有人能从我这里拿走时间。我也会在前一天晚上把运动服拿出来，这样早上套上衣服就能出门。我会戴上运动手表，它会经常提醒我做充分的锻炼。只要一戴上手表，我就会起身去锻炼。

步骤 5：把你爱做的事情和容易拖延的事情捆绑起来。比如，你可以一边锻炼，一边听播客或有声书；你也可以一边做家务，一边看你最喜欢的电视节目。我通常会在早上一边走路，一边和两个工作团队开电话会议。

步骤 6：给自己一个奖励。告诉自己，当完成一项困难的任务后，你会给自己奖励一些特别的东西，比如一本新书、一个热水澡或一杯热茶。

如果这些简单的步骤无法让你停止拖延，请确认你的生活是否受到了注意缺陷多动障碍的干扰。

驯龙 TIPS

Your Brain is Always Listening

新的日常习惯：克服拖延的秘诀在于找到干完事情的方法。

凌乱之龙：重建整理习惯

当受到好人之龙、分心之龙和拖延之龙的影响，或感到压力过大的时候，很多人会觉得在时间和空间上都是一团乱麻。他们往往会迟到，在最后一刻才完成任务，或根本无法按时完成任务。他们也在拼命保持整洁，特别是书包、文件柜、抽屉、壁橱和文件夹的整洁。

对包括老板、同事、家人在内的任何人来说，没有什么比等待一个缺乏条理、对日常工作毫无准备或迟到的人更令人沮丧的了。对于你自己来说，等待一个晚于原定计划才完成工作的人，或一个因组织能力差而改变计划的人，你都会感到烦躁不已。而且烦躁的情绪会持续一段时间，比莉的老板就有过这种体验。

比莉是一名行政助理，她聪明伶俐、能言善辩、精力充沛。由于表达能力过人，她在一家小型计算机公司快速晋升成为办公室经理。但是当老板将她提拔为经理后，她组织能力薄弱的问题就越发明显。原本顺利运行的业务变得岌岌可危，因为她忽视了很多细节。起初，老板因为比莉的这个缺点想要解雇她。然而，在与一位顾问交谈之后，他意识到自己之所以提拔比莉，是因为她在上一个岗位展现出出色的能力，但是这些能力与当前岗位的能力预期并不匹配。基于此，老板没有解雇比莉，而是送她去参加了几个培养“组织能力”的培训班，这让比莉在后续的工作表现中突飞猛进。

精神科医生说，那些总是对工作毫无准备或约会常常迟到的人，会表露出潜在的敌意。他们会用被动攻击的方式来发泄愤怒，比如，他们不会直说自己生气了，而是借迟到、搞砸工作来表达愤怒。生活上的杂乱无章和工作上的习惯性迟到也是注意缺陷多动障碍的标志。当前额叶的活跃度较低时，人们就很难把事情安排得井井有条，也很难按时完成任务。

以下是控制凌乱之龙的方法。

方法 1：判断自己是否有这个习惯。你的房间、书桌、钱包、衣橱、抽屉还整洁吗？你的时间管理成效怎么样？你的伴侣或父母如何评价你安排事务的能力？

方法 2：探求引发这个习惯的原因。这些原因包括正在匆忙中赶工，没有时间规划自己的日程、工作或整理自己的空间，日程爆满，压力过大，注意力被过多事务分散了。

方法 3：明确摆脱这个习惯前后自己得到的奖励。有这个习惯时的奖励是你认为这样可以节省时间。摆脱这个习惯后获得的奖励是从长远来看，你会因为效率提升而节省更多的时间。

方法 4：重新建立日常习惯。你可以向善于整理的朋友或家人寻求帮助，或者，你可以聘请一位专业的整理师前往你的住处或工作单位，教会你系统地整理空间。然后，确保整理师每月回访一次，帮助你建立起新的习惯。

下面是一些整理技巧。

技巧 1：把相似的任务安排在一起，比如跑腿和干杂事、邀约和电话沟通。

技巧 2：把时间花在与目标一致的事情上。把你在今天、这周和不久的将来需要完成的重要任务列在待办事项中，实时更新，好记性不如烂笔头。同时，尽量把最重要的活动安排在你精力最旺盛的时候。另外，学会说不。把不该花时间做的事情列一个清单，放在自己面前，以便自我提醒。比如，不想接的电话，就长话短说，因为不请自来的电话会浪费很多时间。我通常会以“我只有一分钟”这样的话来开启对话，还会以“我需要接另一个电话”或“我有一个约会”这样的话来结束冗长的电话，即便你并没有约会的对象。

技巧3：提防“时间小偷”。“时间小偷”包括拖延、优柔寡断、后悔、害怕失败、担忧和分心等。别被低价值的活动分去注意力，比如沉迷社交媒体、煲剧或玩游戏。

技巧4：准备好迎接时间赠予的礼物。当可能需要花时间等待的时候，你可以处理一些手边的工作或者做一些放松的事情。等待的时间包括与医生预约前、交通堵塞时、乘坐飞机或通勤火车时。利用这段时间，你可以听播客或有声读物、做笔记或写信、列菜单或购物清单，抑或完成任何其他待办事项中的小任务。这样一来，你将改变对这些点滴时光的看法，从认为它们是死气沉沉、被浪费的光阴，转变为认为它们是富有成效的美好时光。

驯龙TIPS

Your Brain is Always Listening

新的日常习惯：向朋友、家人或专业人士寻求帮助，学习系统的整理方法。

担忧之龙：重建反馈习惯

你认识总觉得天快要塌下来的人吗？这类人的大脑会习惯性地预设最坏结果，然后将这样的想法传达给他人。他们常常会说一些消极的话，或者经常无事生非。我把这种下意识的倾向称为担忧之龙。我在一位注意缺陷多动障碍患者身上第一次注意到这种倾向。每次心理治疗开始时，她都会说不想活了。她注意到这让我很焦虑，所以她似乎很喜欢向我描述她可怕的念头。听她讲了大约一年之后，我终于意识到她并不是真的不想活了。她在利用我的反应寻找刺激。当我对她非常熟悉之后，我告诉她："我不觉得你不想活了。你爱你的 4 个孩子，我不相信你会抛弃他们。我认为，你在用这些故事刺激你的大脑。注意缺陷多动障碍在不知不觉中迫使你玩一个叫作'让我们来找问题'的游戏，这会毁掉生活中你可能获得的所有快乐。"起初，她对我很生气。我告诉她，生气是冲突的另一个来源。好在她非常信任我，至少会审视自己的行为。我们的共同目标是：减少恶习之龙的侵扰，缓解自寻烦恼的冲动。一段时间后，她的状况好了很多。

我发现，很多注意缺陷多动障碍患者会惹上这种恶习之龙。此外，这种恶龙还会附身在患有脑震荡，也就是大脑前额叶受损的人身上，也会侵扰睡眠不足、前额叶血流量较低的人，以及极易走神的人。如果前额叶缺乏刺激，大脑就会寻找增强自身活力的方法。沮丧、愤怒等消极的情绪就像一种兴奋剂，会增加肾上腺素这一神经递质，从而引发战斗—逃跑反应，造成心率加快、血压升高、肌肉紧张，这和一杯咖啡引发的生理反应一样。

一旦惹上担忧之龙，人们就会经常对别人吹毛求疵，让别人生气或心烦。但这是一种无意识的行为，他们往往意识不到自己的所作所为。我曾多次从注意缺陷多动障碍儿童的父母那里听到这样的话："如果我们家在早上过得鸡飞狗跳，那么孩子在学校就会过得很好。"家里的争吵刺激了孩子；或者"如果我们家在早上过得温馨平和，那孩子在学校就会过得很糟糕"，因为孩子缺乏刺激，就会找其他孩子或老师的茬儿。部分患者的家人经常说："我已经厌倦了和我的兄弟（或姐妹、父母、孩子等）吵架。为什么非得陷入这种混乱？他们好像就是不愿意和平共处，非得斗个你死我活不可。"

罗丝玛丽和 16 岁的克丽茜是一对经常吵架的母女。她们什么都能吵，没有特定的事物，可能是宵禁、衣服、音乐、说话的语气等等，总之什么都可以拿来吵。克丽茜跟不上学校的进度，父母就把她带到我的诊所进行评估。在对克丽茜和她父母的最初访谈中，我目睹了两个女人针锋相对的全过程。她们语气中的火药味十足，她们互相冒犯，让在座的人坐立不安。克丽茜的父亲让我留意母女俩的互动，他说："她们在家里就是这么交流的。所有事情都能引发矛盾，都能成为问题。她们两个人都固守己见，绝不向对方妥协，好像必须惹恼对方才行。所以我常常不想回家，不想被迫听她们吵架。"克丽茜和罗丝玛丽都被诊断患有注意缺陷多动障碍。当我让她们的大脑重获平衡后，母女之间的紧张关系大幅缓和，父亲承受的压力也大大减少。[11]

以下是控制担忧之龙的方法。

方法 1：判断自己是否有这个习惯。你是否倾向于发现负面因素或无缘无故地挑起事端？一天早上，我为妻子和侄女们做好早餐，询问她们是否喜欢。塔娜说"尝起来不错"。"只是不错？"我问。担忧之龙一下子从我身上冒出来，发起猛烈抨击。另外，当人们夸奖你时，你是否会回一些话，来冲淡对方的称赞？以下是一些案例：

- 你今天很漂亮。——我昨天不漂亮吗？
- 我们这个月的生意很好。——上个月出了什么事情？
- 我几乎所有的科目拿了 A，但也拿了一个 B。——为什么会拿 B？
- 我的书连续 3 周进入《纽约时报》畅销书排行榜。——行吧，你的书和其他连续 3 年进入《纽约时报》畅销书排行榜的书比起来差远了。

方法 2：探求引发这个习惯的原因。这些原因包括刚刚睡醒，和他人待在一起、感到无聊。

方法 3：明确摆脱这个习惯前后自己得到的奖励。有这个习惯时的奖励是直接表达脑中的不快情绪。摆脱这个习惯后获得的奖励是有更小的压力、更好的人际关系。

方法 4：重新建立日常习惯。在你吐露任何消极的话语前，问问自己："这种消极的表达是否有益于我的人际关系和身心健康？""它和我的生活目标或人际关系目标符合吗？”“符合吗”这三个强有力的字眼，有助于打破消极或自我麻烦的行为模式。

驯龙 TIPS
Your Brain is Always Listening

新的日常习惯：问问自己，消极的情绪和我的生活目标或人际关系目标符合吗？

暴食之龙：重建饮食习惯

你所去的几乎每个地方，包括学校、工作场所、购物中心、电影院、机场、棒球场等，都会有人试图向你兜售食物，这些食物不仅会让暴饮暴食的恶习之龙兴风作浪，还可能会早早地杀死你。标准美国饮食（Standard American Diet，SAD）中的食物容易引发身体炎症，增加人们患糖尿病、高血压、心脏病、癌症、注意缺陷多动障碍、抑郁症、阿尔茨海默病和肥胖症的风险。如今，肥胖症已经成为美国全国性的严重危机，72% 的美国人超重，40% 的美国人有肥胖症状。[12] 几十年来，我一直从事这方面的写作和教学工作。许多已发表的研究，包括我自己的两项研究都指出，随着体重的增加，大脑会变小，功能也会下降。

卡丽萨想要减肥，但她的大脑总是抵挡不住诱惑。上班途中，每次经过甜甜圈店时，她都会停下脚步，买几个柠檬味甜甜圈。当和男朋友去看电影时，奶油爆米花的香味诱人不已，她又会忍不住买一大盒。每次去看望住在养老院的母亲时，她也会忍不住去隔壁的糖果店逛一圈。卡丽萨招惹上了暴食之龙，这条恶龙操控着她的行为，损害她的大脑。

身上堆积过多脂肪会对身体造成损害。比如，脂肪过多会扰乱激素平衡，沉淀毒素，并产生容易引发炎症的化学物质。既有肥胖又有糖尿病的情况，我管它叫糖胖病，这种病风险也更大，因为高血糖还会损害人的血管。

在美国，体重问题不只发生在成年人当中，未成年人身上同样也有。在 2 ～ 19 岁的群体中，肥胖率从 1999—2000 年的 13.9% 上升到 2015—2016 年的 18.5%。[13] 食品科学家和快餐企业正在用“大规模杀伤性武器”瞄准你的孩子。我对这种“大规模杀伤性武器”的定义是：一种经过深度加工，喷洒农药，人工着色，人工增甜，具有高糖、低纤维特点，形似食物，含有激素和抗生素的食物。

不要让这条恶龙“劫持”你的大脑和人际关系。这不仅会摧毁你的健康，还会招来一大堆其他恶龙。

以下是控制暴食之龙的方法。

方法 1：判断自己是否有这个习惯。如果你有超重、肥胖的问题，或者控制不了自己的饮食行为，那么这条恶龙就会与你同在。

方法 2：探求引发这个习惯的原因。请留意你身边正在发生的事情。出于某些奇奇怪怪的原因，每当我路过一家快餐店时，我的大脑就发出信号：去点上一杯冰茶和一个墨西哥鸡肉卷饼。

请关注一天中的每时每刻，了解自己最脆弱的时刻，是早上、午餐时，还是下午、晚餐时，抑或是深夜。

如果你习惯于和某些人在特定的场所吃一些特定的食物，那么当你和这些人待在一起，或者身在这个特定的场所时，你想要吃某些特定食物的欲望就会被激发。对我而言，我母亲家就是这样一个会激发特定食欲的地方。自从我下定决心要变得更加健康，每次去母亲那吃饭前，我都会先吃一些健康的食物，这样一来就能控制住暴食之龙。

方法 3：明确摆脱这个习惯前后自己得到的奖励。有这个习惯时的奖励是满足食欲，享受特制食物带来的炸裂般的味觉快感。摆脱这个习惯后获得的奖励是更苗条、更聪明、更快乐、更健康、更长寿。

方法 4：重新建立日常习惯。你的大脑已经有了自己的日常进食习惯。思考这个习惯会给你带来好处还是坏处，如果是坏处，那就重新建立新的日常进食习惯。

以下是我的日常进食习惯，可供参考：

1. 早餐：吃鸡蛋和有机蓝莓，或者喝一杯健康的奶昔。
2. 上午零食：现切蔬菜配牛油果泥，或者一个苹果和一些杏仁。
3. 午餐：沙拉配烤蔬菜和富含蛋白质的食物，比如鸡肉或者羊肉。
4. 下午零食：坚果和水果。
5. 晚餐：富含蛋白质的食物和蔬菜。
6. 饭后甜点：无糖黑巧克力或水果。

建立良好的日常进食习惯的诀窍是，找到你喜欢吃并对身体有好处的食物，然后把这些食物安排进自己的一日三餐中。结合下面 6 条有益于大脑健康的简单饮食规则，为你喜欢的食物列一个清单：

- 摄入高品质的食物，但不要摄入过量。我认为热量就像金钱，过度消费会导致健康破产。
- 每餐摄入干净的富含蛋白质的食物，以平衡血糖，降低食欲。
- 把进食重心放在鱼、坚果、种子和牛油果等富含脂肪的健康食物上。脂肪对大脑的健康至关重要。
- 当你感到饥饿的时候，先喝一杯水，以确定你是真的饥肠辘辘还是渴了。

- 摄入不会让血糖升高的“聪明碳水化合物”，比如，色彩鲜艳的水果、蔬菜中的碳水化合物。控制摄入含有糖分和碳水化合物的食品，因为它们会迅速转化为糖，又如，面包、意大利面、土豆和米饭。我把这类碳水化合物叫作“愚蠢碳水化合物”，因为它们不仅容易引发身体炎症，还有研究显示它们会降低智商。
- 大量使用有益于大脑健康的香料，特别是胡椒、肉桂、肉豆蔻、大蒜、丁香和姜黄。

为了抵御对食物的渴望，你要专注于做好与生理相关的决策：知道自己想要什么，比如，想要保持健康的体重；为了保持血糖稳定，每餐就要吃少量的蛋白质和健康脂肪；确保晚上有 7 ～ 8 小时的睡眠时间；控制饮酒；控制摄入能够快速转化为糖的低品质食物，如面包、意大利面、土豆、米饭和糖果。做好饮食规划至关重要，这不仅有助于驯龙者变得更加强壮、健康，也能提升你的决策能力，让你掌控自己的生活。

浑噩之龙：学会清醒地生活

我在很多次讲座的开头会放上一段惊险的视频。视频中，两位女士被困在一座 20 多米高的铁轨大桥上，一辆货运列车正朝她们疾驰而来。当她们沿着铁轨走的时候，她们显然被火车吓了一跳。最终，她们躲过了火车，逃过了一劫。我之所以会放这个视频，是因为视频的内容提醒我，大多数人对自己的大脑健康是多么茫然无知。如果你知道大脑面临的健康问题迫在眉睫，你会避开这个问题吗？

浑噩之龙可能是所有恶习之龙中最恶劣的品种，它们暴饮暴食，把有毒有害的物品涂在你的身体上，也从不关心你的大脑健康和身体健康。这种恶龙会让你不计后果地开始行动。当你让大脑处于自动驾驶模式时，就会出现这种情况：你会受到大声咆哮的恶龙、蚂蚁和阴谋诡计的影响。在这种情况下，你的大脑不能倾听那些能够让它保持健康的声音。这种恶习之龙正在杀死我们这个社会——高血压、糖尿病、抑郁和肥胖的发病率正在飙升。美国高达 75% 的医保资金花在了可预防的慢性疾病上。[14]

以下是控制浑噩之龙的方法。

方法 1：判断自己是否有这个习惯。如果你不知道自己每天的热量摄入量，如果你不看食物标签，也不看个人产品或清洁产品的标签，如果你不清楚居住地附近的水质，那这种恶龙就会折磨你。

方法 2：探求引发这个习惯的原因。这原因几乎是你每天要做的任何决定。

方法 3：明确摆脱这个习惯前后自己得到的奖励。有这个习惯时的奖励是简单省事，无须操心、思考。摆脱这个习惯后获得的奖励是健康、精力充沛、长寿。

方法 4：重新建立日常习惯。在做任何事情，尤其是购买东西，或者说任何话之前，问问自己：这会给我的大脑带来好处还是坏处？不断重复问自己这个问题，直到问题本身成为一种习惯。请你认真对待健康问题，了解哪些东西对自己和大脑有好处。

驯龙 TIPS

Your Brain is Always Listening

新的日常习惯：做任何事情或者说任何话之前，问问自己：这会给我的大脑带来好处还是坏处？

现在我们应该明白，当驯龙者昏昏欲睡或沉沉入睡时，浑噩之龙就会接管全局。事实上，所有恶习之龙都是趁着驯龙者不在岗位或分心的时候偷偷潜入，然后变本加厉地削弱驯龙者的力量，用呢喃的谎言让你更容易被过去之龙伤害，更别说还有诡计之龙，总在想方设法地从你身上捞取好处。在这个科技发达的世界里，我们是恶龙的猎物。虽然我们的祖辈未能击退恶龙，但是，我们自己要做好应战的准备，在当今的世界里与恶龙一战。

Your Brain is Always Listening
驯龙小讲堂

13 个窃取健康的谎言

你的想法极大地影响着你的感受和你所做的每一个决定。这么多年来，我见过暴食之龙、浑噩之龙向你灌输的“小小谎言”，而你也会将这些谎言复述一遍。这些谎言往往会带你走向肥胖和疾病。以下是我在办公室里常听到的一些谎言和我对这些谎言的解读[15]：

谎言 1：“一切都要适度，但其实超出一点也无妨。”在我看来，这句谎言会让你更容易生病，让你有借口不为自己的健康做出最佳决定。

谎言 2：“我的记忆力不好，这是正常的。”很多人从三四十岁起，记忆力就因为不良的健康习惯开始衰退。记忆力差绝不是一件正常的事情，这表明你的大脑需要帮助。

谎言 3：“保持健康太难了。”生病其实更难。

谎言 4：“我不想剥夺自己吃东西的权利。”吃一些对健康无益的食物，难道不会剥夺健康——这个你最宝贵的东西吗？到底什么更有价值？是充满能量、身材苗条、身体健康，还是堆积如山的薯条、苏打水、蛋糕、饼干以及你在过去 10 年里吃过的东西？

谎言 5：“我常常外出旅行，所以我做不到吃得健康。”我总是被这个谎言逗乐，因为我自己就经常旅行。其实，你只需要稍作考虑并提前做好计划就好。

谎言 6：“我全家都有超重的问题，或者有糖尿病、抑郁、焦虑等，这是基因的问题。”这是最常见的谎言之一。基因只会决定 20% ~ 30% 的健康问题，绝大多数的健康问题是由糟糕的决策导致的。

谎言 7：“健康让我无力负担，优质食物很昂贵。”生病付出的代价总比保持健康更昂贵。

谎言 8：“我抽不出时间锻炼。”好好安排一下，锻炼其实会帮助你节省时间。

谎言 9：“今天可是国庆节、劳动节、周末……”你总会为伤害自己找到借口。当你不再相信这个谎言，你的决策水平和健康水平都会显著提高。

谎言 10：“我明天开始干！”然而，明天永远不会到来。

谎言 11：“公司只提供低品质的食物。”那就自己带吃的去上班。小小计划，大有裨益。

谎言 12：“我宁愿得阿尔茨海默病、癌症、糖尿病，也不愿意把糖戒掉。”这个谎言来自人们的糖瘾，以及人们对这些疾病严重后果的无知。

谎言 13：“虽然我现在的生活方式越来越健康，但这样一来，我就不能像以前那样和孩子玩耍了，这让我很难过。”那就重新规划亲子日常安排。与其烘焙饼干，不如一起做健康沙拉或搞一个营地活动。

Your Brain is Always Listening

第5章

摆脱诡计之龙，选择能长期受益的事物

欺骗可能会给我们当下想要的东西，但最终会将这些东西夺走。

——雷切尔·霍桑（Rachel Hawthorne）

即便你能识别并驯服过去之龙、他人之龙、恶习之龙，你还是会遭到诡计之龙的攻击。我们生活在一个诡计之龙四处横行的时代。它们无处不在，拐弯抹角地给你发送助长恶龙气焰的信息，让你变得肥胖、抑郁和虚弱。棒球场附近会卖 30 厘米长的热狗；餐馆里有超大份饭菜；我们身边劝人多吃的亲朋好友，会叫我们用更少的钱买分量巨大的东西；还有那些大肆炒作的食物广告牌，其上的食物如怪兽饲料，还会让人丧命。有一回，我在洛杉矶 405 高速公路向北行驶时，看到了一家连锁服务站的巨型墨西哥风味三明治广告牌。

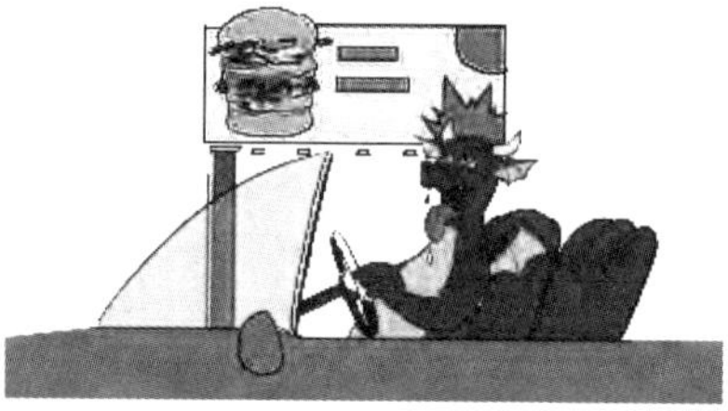

当我看向高速公路的另一侧，一块印有“要减肥，就用胃束带[①]”的广告牌映入眼帘。我由此想到，真是太“周到”了！一些公司出于自身利益，鼓动我内心深处的小孩，在食品问题上做出糟糕透顶的决定，让我面临肥胖的问题；而为了解决

① 采用腹腔镜外科手术植入人体的一种装置。植入后，胃开口将缩小并形成一个小的囊袋，以限制食物的摄取量，使患者提前出现饱腹感。——译者注

这一问题，另一些公司用提供胃部手术的方式帮我重获身体的掌控权。这太讽刺也太疯狂了。

诡计之龙无处不在，会想方设法从你的一时冲动中谋取利益，即便是你未来的冲动，它们也不会放过。诡计之龙会助长你的焦虑之龙、愤怒之龙、劣势之龙或恶习之龙，让你变得抑郁或健忘，还会影响你的 4 个圈层。诡计之龙利用复杂的神经科学，让你对它们向你售卖的商品上瘾；诡计之龙还会利用关于习惯和成瘾的最新研究，让你的大脑对它们的产品和服务产生渴望，在不知不觉中自动使用，甚至让你不会思考自己到底在干什么。当你漫不经心地大嚼辣味薯片，直到感觉恶心和胀气时，你的生物圈就受到了影响；当你无意识地花费几个小时浏览社交媒体动态、观看令人沮丧的新闻节目时，你的社会圈就受到了影响；当你收到信用卡账单，发现自己的花销远超预算，网购了一大堆自己甚至都不记得的东西时，你的心理圈就受到了影响。在《上瘾》(*Hooked*) [1] 一书中，作者尼尔・埃亚尔（Nir Eyal）描绘了诡计之龙让你上瘾的 4 种方式：

方式 1：上瘾始于诱因。诱因包括外部诱因和内部诱因。外部诱因有弹窗广告、电子邮件提醒推送或电视广告等，它们都会促使你采取某种行动；内部诱因有无聊或焦虑等，它们也会让你有所行动。

方式 2：为获奖励，采取行动。你之所以做某件事情，是因为你期待获得回报，这些回报会让你感觉良好。比如，吃零食是为了获得美味，玩游戏是为了获得趣味，买新衣服是为了获得好看的感觉。

方式 3：所得奖励并非始终如一。20 世纪 50 年代，心理学家及行为学家伯勒斯·弗雷德里克·斯金纳（Burrhus Frederic Skinner）研究发现，如果一项活动的奖励是不可预测的，那么就会引发更多强迫性行为。[2] 而近期的神经科学研究表明，可变奖励会促进释放多巴胺这种引发上瘾的化学物质。赌场就利用了这一科学研究，想想老虎机吧，这种最常与赌博成瘾紧密关联的赌场游戏，就是在提供可变奖励。[3]

方式 4：融入产品或服务，让它们更加简单易用。这个过程可以很简单。比如，把辣味薯片加入你的自动订货列表；打开社交媒体网站的通知和提醒，这样你就不会错过任何东西；在你最喜欢的购物网站上，将自己的身材尺码、消费偏好等输入筛选工具，以便挑选出合适的商品。

这 4 种方式构建出一个系统，让你能够更容易地使用产品和享受服务，直到上瘾为止。这 4 种方式也会让你形成习惯，不再思考。

在本章中，我们将把目光投向 5 种在社会中逍遥法外的诡计之龙。它们绞尽脑汁让你养成习惯、上头成瘾，好让自己在加害你的同时，也变得身强力壮。

本章讨论的 5 种诡计之龙包括：劣质之龙、毒素之龙、电子之龙、运动之龙、节日之龙。

我们可以用简单的 5 步，智斗诡计之龙。

第一步：识别诡计之龙。当手机推送、短信、电子邮件、广告、商品包装设计和其他诱因向你袭来，鼓动你盲目地采取行动时，你可以停下来问问自己以下问题：

- “这对我更有利，还是对它们更有利？”诡计之龙往往会诱导你采取短期内可能对你自己有利，但长远来看让它们受益的行动。
- “这对我的大脑健康来说是好是坏？”诡计之龙往往想把你拖进对大脑健康有害的圈套里。
- “我为什么要采取行动？真的只是因为我感到孤独、无聊或压力太大？”如果确实如此，建议用其他健康的方法缓解这些内部诱因造成的情绪问题。

第二步：不要盯着代言人看。诡计之龙会乔装打扮成你信任或仰慕的人，尤其是名人，比如演员、运动员、“网红”、新闻主播、有魅力的模特，抑或打扮成创意十足的商品包装，向你传递它们的信息。所以，我们要经常问问自己，躲在代言人背后的究竟是什么？

第三步：行动之前，了解全局。诡计之龙只会给你提供非常少量但最能引发购买欲的信息，好让你购买它们的产品或使用它们的服务。它们会故意隐去其他可能让你放弃购买它们产品或使用它们服务的重要事实。所以，行动前，你一定要掌握所有的事实。

第四步：别让诡计之龙轻而易举地骗到你。不要与诡计之龙合作，加入它们的游戏。比如，不要使用订阅、优惠券，不要玩游戏，不要使用折扣，不要开启手机提醒或推送通知。

第五步：避免接触诡计之龙。你要限制自己登录社交媒体、查阅新闻的时间，避开快餐店等场所，以及关闭广告显示。

劣质之龙：学会看产品成分表

人们几乎无法避免遇见劣质之龙。劣质之龙无处不在，试图引诱你进食，好让

你分神，让你变得懒散，让你坐上情绪过山车，继而诱出你的恶习之龙。如今，劣质之龙找到了新的引诱方法，那就是让杂货店、餐馆、面包店将你垂涎已久、令人上瘾的食物送货上门。标准美国饮食充斥着大量缺乏营养的食物或是类似食物的物质。这些食物会增加与身体健康、精神健康和认知健康相关的风险。

食品制造企业从不遮掩自己的意图，它们想让人们对垃圾食品上瘾。乐事薯片就在广告中自豪地宣称："我打赌，你不会只吃一片！"它说对了。依靠"食品科学家"，垃圾食品企业巨头熟练地掺入适量的不健康物质，创造出味道与口感都完美无缺、能让大脑达到"快乐顶点"的零食。零食会激活大脑的奖励系统，让你想要吃更多的东西！这就是人们喜欢吃冰激凌、薯片、蛋糕和炸薯条的原因之一，而且人们还无法想象自己放弃这些美味会变成什么样子。进食不是为了生存，而是为了给自己的上瘾之龙提供养分。上瘾之龙是一种人为制造、为了牟利的恶龙。

你对任何一种食物的喜爱，都无法与你对伴侣、子女或孙辈的爱意相提并论。许多古代的西方勇士认为，对任何事物尤其是食物产生依赖感，是一种完全不能接受的弱点。他们是为了胜利、为了生存而进食。如果你真的爱自己，珍惜健康和所爱之人，爱惜子孙后代，那我希望你也能像古代的西方勇士那样对待食物。

大型公司也盯上了你的子孙后代。你可以设想一下，一个小丑或者说是一位资产上亿的国王走进你的起居室，用玩具收买你的孩子，让他们吃那些会引发疾病、让人减寿的低劣食物，这时候你是不是就觉得该反击了？近期的一项研究表明，快餐企业用来引诱孩子的玩具，是一种非常有效的武器。它可以让孩子正处于成长期的大脑，想要吃更多有害健康的食物。[4]

此外，这些制造不健康食物的企业，也在利用成人神经科学，耍各种阴谋诡计"劫持"人们的大脑。它们故意把美丽动人、衣着清凉的女性与它们生产的不健康食物联系起来，吸引人们大脑中的愉快中枢，建立起一种不合逻辑的联系：如果你吃了这些食物，女神就会垂青于你，或者你就会看起来如女神一般。但你必须明白，如果这些女性的日常食物是芝士汉堡，衬衫上还沾着蛋黄酱、芥末酱、番茄酱，那她们根本不会是展现在你眼前的这个模样。

企业还会利用著名演员、歌手和职业运动员来宣传自己的食品，让你以为这些巨星之所以能登上各自领域的巅峰，某种程度上是因为他们曾经吃过对应企业生产的食品，从而诱导你像这些名人在广告中那样大吃大喝，使人陷入一场健康灾难。你真的会认为，这些人之所以能声名大噪，是因为喝了含糖苏打水、能量饮料，吃了比萨吗？[5]你很可能不会这样想。

而与此同时，很多美国人却痴迷于变得更加健康，这听起来颇具讽刺意味。2017年，美国在健康保健方面的支出达到惊人的1 680亿美元[6]，助推减肥行业的规模增长至720亿美元。[7]美国人均医疗支出几乎是其他富裕国家的两倍，但为什么美国人却比其他富裕国家的人更容易发胖、病得更重、死得更早、染上更多疾病？[8]这么看来，事情似乎有点不太对劲。

在某种程度上，劣质之龙是罪魁祸首。它们向你兜售所谓的“健康食品”，并利用你对健康的向往，为你献上简便但有害的解决方案。这类恶龙打包票会帮助你通过捷径实现快速减肥，它们会提供时下流行的节食方案、快速见效的健身方案，以及伪装成“健康食品”的垃圾食物等。比如，某些一时火热的节食方案可能会在短期内帮你减掉几斤，但它们却不能教你如何通过饮食，保持大脑和身体的长期健康。实际上，一些硬核的健身方式和健身设备，会增加你受伤的风险。这对实现你的目标，怎么可能有帮助？

还有那些所谓的“健康食品”。当你在杂货店的过道中穿行时，你会看到商品标签上贴着“无麸质”“低碳水化合物”“无糖”“素食”“纯天然”或其他时髦的词语。想保持健康，确实应该尽量避开麸质、精制碳水化合物和添加糖，所以杂货店中的这些商品，乍看像是不错的选择，但是，推广这些所谓“健康食品”的恶龙，只是用标签上的口号来吸引你的注意力，让你冲动地把它们的商品放进购物车。它们希望，你不要花时间去阅读配料表，然后发现它们的商品其实会损害你的大脑和身体健康。无糖？这可能是诡计之龙用来描述“全是人造甜味剂”的另一种说法。素食？这可能是诡计之龙用来形容“深度加工后的非食品物质”的说辞。无麸质？

这是诡计之龙试图说服你，混杂着人工防腐剂、食用色素和容易引发炎症的蛋糕很健康。但其实并非如此。

几年前，我和儿子安东尼去度假。我们一起购物时，他在购物车里放了一块“健康”的蛋白质棒。然后我们看了食品标签，上面写着 14 种不同的糖，还有人工色素和甜味剂！

你还要留意那些无意中向你推销食物的人。他们容易好心办坏事，向你推销有害食品。比如，导购员会将一盆糖果放在工作前台，学校会举办糕点义卖会，教会礼拜时会发放甜甜圈。此外，一些类似美国女童子军这样的慈善机构，为了募集资金用于组织活动，会招募年轻女孩出售不健康的饼干。这些慈善机构会让你自以为在做好事，但实际上它们只是用糖、植物油、不完全氢化油、人工防腐剂来填充你的身体，让你更容易生病，更容易出现心理健康问题。

劣质之龙带来的影响：当你的大脑屈从于劣质之龙，这意味着你正在向大脑和身体输送的能量，是由那些含有会导致肥胖、糖尿病成分的物质提供的，这将会影响你的生物圈；同时，这些成分也会助长焦虑之龙、绝望之龙、多动之龙和暴食之龙，从而影响你的心理圈。海马是大脑中主要的记忆结构之一，这些类似食物的物质还会缩小海马，影响你的生物圈，增加罹患阿尔茨海默病的风险。

另外，如果你的大脑对劣质之龙言听计从，那么你以为正在吃的“健康”食物，实际上不仅容易引发身体炎症，还会让体重居高不下，同样也会影响你的生物圈和心理圈。同时，当无法达成自己的健康目标时，你更有可能感到沮丧，诱发心理圈的绝望之龙。受到诡计之龙的影响，在某些情况下，你会过于为健康付出，进而诱发焦虑之龙、劣势之龙，让你更加担心自己会吃错东西。你还可能因此患上厌食症，这是一种对健康饮食过度痴迷并与焦虑、内疚和羞耻感密切相关的疾病。

我们可以用简单的 5 步，智斗劣质之龙。

第一步：识别劣质之龙。它们是费尽心思，想让你购买它们的食品吗？它们是否为复杂的问题提供了快速的解决方案？在你购买之前，问问自己这些食品对你的大脑健康是好是坏。

第二步：不要盯着代言人看。忘掉那些漂亮的模特、演员，想想到底是谁在售卖食物。它们是关心你的健康，还是在意自己是赚是赔？不要相信用了它们的商品，你就能和广告中的明星一模一样了。

第三步：行动之前，了解全局。读完所有的食品标签，并运用常识想一想。走捷径不是长久之计。

第四步：别让劣质之龙轻而易举地骗到你。不要看到打折消息就想购买。

第五步：避免接触劣质之龙。不要走商店中间的过道，这样就能避开塞满食物的货架。去超市购物之前，你可以先吃一些健康的食物，这样就不会被收银台边的食品所吸引，或者不会在经过“健康食品”货架时备受诱惑、冲动消费了。

毒素之龙：警惕短效解决方案

大脑是身体中代谢最活跃的器官。尽管大脑只占体重的 2%，但它消耗了人所摄入的 20% ～ 30% 的热量，以及 20% 的血流量和氧气量。接触任何危险物质，都可能会伤及大脑甚至生命。

毒素之龙试图通过宣传伪科学，让你觉得酒精是一种健康食品，从而诱导你进行购买。事实上，2018 年的一项报告发现，在当前针对适度饮酒对健康饮食有何效果的研究中，规模最大的一项研究，主要资助来源竟然是酒水行业。[9] 这听上去像是值得信任的科学研究吗？多年来，就连美国癌症协会（American Cancer Society，ACS）似乎也在推动酒水行业的发展。协会预防癌症的指导方针十分“单薄”，上面写着“如果要喝含酒精的饮料，那请控制好饮用量”[10]，尽管该协会在官网上这样写道，“饮酒，是癌症最重要的可预防风险因素之一，其他可预防风险因素，还包括吸烟和超重”。直到 2020 年 6 月，美国癌症协会才变得认真起来，将预防癌症的指导方针修订为“最好不要饮酒”。[11]

酒水行业想让你认为酒是一种健康饮品，然而，酒精对大脑的影响似乎与之完全相悖。从生物圈看，所有形式的酒精饮料都会损害你的认知功能，对你的心理健康产生负面影响，社会圈也随之开始出现问题。

在烟草行业中，我们也可以找到诡计之龙，尤其是有史以来最为狡猾的诡计之龙。它打出的广告效果显著，以至于国会在 1970 年出台禁令，禁止在电视和广播中播放香烟广告。在大约 50 年后的今天，烟草行业的诡计之龙卷土重来，它将电子烟包装成实体烟的“健康替代品”，大肆营销推广。非营利性反吸烟组织表示，电子烟品牌 Juul 花费了 100 万美元在 YouTube 等社交媒体上营销产品，并组建了专门部门负责“网红”营销。[12] 这个方法奏效了。电子烟的销量逐渐上升。2018 年，美国抽电子烟的青少年人数达到了 2017 年的两倍。[13] 美国卫生部部长称，年轻人抽电子烟已经成为一种流行病。截至 2019 年，超过 2 000 个严重肺部疾病案例和 39 个死亡案例都与电子烟有关。[14]

毒素之龙也在试图诱惑你使用处方药。想想你看过的药物电视广告，广告里宣传那些药物能治疗各种疾病，有些病症你甚至都没听说过。制药行业是广告支出最多的行业之一。它们通过广告利用你的情绪，向你展示小小药片如何帮助人们迅速摆脱病弱状态，变得快乐又有活力，可以在大自然中遛狗、与爱人共舞……它们会让你觉得一粒药就能治愈病痛。而当温暖人心的画面在广告中持续播放时，你会听到所有令人讨厌的潜在副作用被火速播报完毕，包括腹泻、便秘、疲劳、头痛、视力模糊、肌肉疼痛、抑郁等。但是这些诡计之龙知道，人脑功能的 50% 专门用于视觉信息的处理，所以人的大脑会记住广告中快乐的画面，而不是听到药品副作用清单。

很多患者来开药会直接报药名。以布丽奇特为例，她在大二找我看病时，已有长达数年的双相障碍病史，服用从家庭医生那里开出的常在电视中宣传的名牌处方药。然而，这种药对她不起作用，难以缓解她的痛苦症状。我们扫描了布丽奇特的大脑，发现病源在于她受过创伤性脑损伤。原来她在 15 岁时曾经从马上摔下来，不久之后就出现了现在的症状。布丽奇特一直在服用的药物根本不起任何作用，还可能会让她的症状恶化。因此，根据电视中的药品广告去开药时，我们要小心谨慎。

除了酒精、烟草和处方药，还有其他很多对大脑有毒的物质，比如，水渍滋生的霉菌以及汞、铝、铅等重金属。你知道小型飞机的燃料中含有铅吗？那是美国政府从汽油中提取出铅，然后将其放入小型飞机的燃料中的。我们对 100 名飞行员展开研究，发现其中 70% 的飞行员脑部似乎有中毒迹象。另一项研究调查了 33 个在美销售的知名口红品牌。该研究发现，其中 60% 的口红含铅。[15] 所以当你亲吻对象时，你要小心，否则你送上的可能是死亡之吻。

如果我递给你一个产品，告诉你这个产品可能会让你感到疲劳、抑郁，出现脑雾、注意缺陷多动障碍、记忆问题或精神病行为，那么你会想用这个产品吗？当然不想！但是，毒素之龙一直在销售含有大量化学物质、杀虫剂和会散发刺鼻烟雾的产品。这些产品会毒害人的大脑，带来源源不断的问题。而数以万计的美国人每天都在购买、消费这些产品，甚至把这些产品涂满全身。为什么会出现这种情况？这是因为毒素之龙擅长让你以为你所购买的东西对你都是有好处的。它们不仅有助于身体健康，还能杀死致病细菌，甚至让你看起来更加年轻。这类恶龙已经无处不在。

生活中的其他毒素之龙还包括一氧化碳、化疗和放疗，后者既能杀死癌细胞，也能杀死健康细胞，所以它们对于人体也是有害的。虽然没有诡计之龙试图让你接触这些物质，但是接触这些物质令人担忧的程度，堪比遗传风险或颅脑损伤。

毒素之龙还藏身在你身边的食品市场里，而这也是你最意想不到的地方。在农产品区，你本应该找到非常新鲜、营养丰富、有益于大脑健康的食物，然而那里潜伏着很多毒物炸弹。在有益健康的有机农产品中，混合着闪亮的苹果、丰满的草莓、深绿色的羽衣甘蓝，它们身上喷洒着高剂量的农药。然后，你直奔水产柜台，你以为在那里可以做出明智的食材选择。然而，你会发现诡计之龙正在出售涂满人工染料、汞含量极高的鱼。毒素之龙也统治着家庭的清洁通道。清洗剂让人们以为，喷出的清新香气就能杀死细菌，让桌台表面闪闪发光。但事实却是，常见的家用清洁剂充斥着潜在的有害化学物质，包括香精。

在毒素之龙中，个头最大、秉性最坏的恶龙对你满口承诺，保证会让你变得更有吸引力、更加年轻。2020 年，化妆品、香水和洗漱用品行业的广告费用超 210 亿美元，引诱人们在脸部、头发和身体上喷涂它们的产品。[16] 但是，那些号称能让人变美的产品，所包含的化学物质却会直接损害人的身体和大脑。

毒素之龙带来的影响：当你的大脑总在倾听毒素之龙的花言巧语时，你会误以为使用对应的某种产品就能解决你的健康问题、使你的房间保持整洁、让你看上去更美或有更好的感受，从而满足你在心理圈方面的需求。然而，这些产品都会给你造成直接或隐秘的伤害，会让你产生脑雾，使你焦虑、抑郁、失忆、上瘾等，影响你的心理圈。

我们可以用简单的 5 步，智斗毒素之龙。

第一步：识别毒素之龙。它们是否向你提供了一种物质，而这种物质能够轻松解决你的问题？它们是否也让某些东西看起来很健康，而你知道其实并非如此？

以下是一些降低“中毒”风险的方法：

- 尽可能少接触有毒物质。
- 不要选择可能带来长期问题的短期解决方案，比如喝酒。
- 购买有机食品，以避免接触农药和化学物质。
- 阅读产品标签！如果产品标签列出了邻苯二甲酸盐、对羟基苯甲酸酯或铝等成分，就不要购买。另外，也要注意你涂在身上的东西，因为它们会进入你的身体，影响你的大脑。

要知道大多数常见的家用清洁剂和个人护理产品中会含有一些有毒物质。

第二步：不要盯着代言人看。你需要了解信息背后真正的幕后黑手是谁，是制药公司还是制造商?

第三步：行动之前，了解全局。购买前做一些调查，可以阅读产品标签，也可以通过网络搜寻对产品有一个大概的了解。

第四步：别让毒素之龙轻而易举地骗到你。不要服用或使用任何可能成瘾的东西，不要注册那些含有毒物的产品网站，不要获取那些有毒产品的优惠券或免费优惠服务。

第五步：避免接触毒素之龙。拒绝酒精、烟草，并远离正在使用或提供这些物质的人。同时，关闭或屏蔽广告。

请坚持使用安全的产品。另外，身体中有 4 个排毒器官，即肾脏、肠道、皮肤和肝脏，你可以通过以下方式增强这 4 个排毒器官“清洁”身体的功能：多喝水，多吃纤维，多运动，多蒸桑拿浴，以促进身体多多排汗。最近的一项研究表明，蒸桑拿浴越多的人，记忆力出现问题的风险越低[17]。

同时，你还可以多吃能够排毒的芸薹属蔬菜，比如西蓝花、花椰菜、卷心菜和抱子甘蓝。

电子之龙：重视现实中的人际关系

所谓电子之龙，就是那些科技公司、视频游戏开发商、应用程序开发商、新闻公司、社交网络、娱乐提供商。它们“劫持”人的大脑，偷走人的注意力，把人吸引到它们的电子设备、游戏和流媒体服务上。如果你不信，只需走进任何一个机场、餐厅、工作场所、学校或你自家的客厅，看看有多少人正盯着他们的智能手机、平板电脑或电视屏幕。数字不会撒谎。超过 1.64 亿美国人玩电子游戏。2019 年，奈飞的全球订阅用户增至 1.83 亿人；2019 年，“迪士尼 +”流媒体服务正式上线，首日就有超 1 000 万人注册。[18]

电子之龙正通过一系列经过验证的营销策略来赢得你的注意力，诱导你成为强迫性使用数字产品的用户。这些营销策略包括以下几种：稀缺性策略，类似于即时通软件提供的阅后即毁服务；个性化策略，它们可以根据你的兴趣推荐产品；互惠性策略，你可以用自己的个人信息交换它们提供的服务；社会认可策略，它们会让你获得点赞和评论。它们还会利用你想成为群体中一员的欲望，以及担心错过有趣活动或重要机会的焦虑感来进行营销。电子之龙之所以能如此有效地将你套牢，是因为它们有闪电般的速度。

你每天早上做的第一件事，是不是拿起手机看看一夜之间世界上发生了什么可怕的事情？你是不是整天都在浏览新闻网站，以便了解事件最新的恐怖发展进程？贩卖新闻之龙已经把你吸入它们的魔爪之下。媒体全天候播报新闻，不断向你的大脑灌输有害思想。为了提高收视率，媒体让你看到世界上每一个角落即将发生的恐怖事件或灾难。持续不断的恐怖画面会激活大脑中杏仁核区域的“恐惧回路”，让焦虑和恐惧长期萦绕。信息就像裂缝，一不小心人就会掉入其中。2019 年，《美国国家科学院院刊》（*Proceedings of the National Academy of Sciences*）上的一项脑成像研究发现，信息与食物、金钱甚至药物一样，会用某种方式触发由多巴胺驱动的大脑奖励系统。[19] 作者认为，这种神经触发机制解释了人们容易受到“标题党”影响的原因。

贩卖新闻之龙研究透了神经科学。因为神经科学表明，人类大脑对消极事物非常敏感，常会关注可能伤害自身的事物。所以，新闻媒体总是播报那些最耸人听闻的犯罪故事、最近可能发生的与健康相关的群体性恐慌、刺激性十足的丑闻，以及可能发生的最可怕的自然灾害。它们的说辞是：这是为了让人们随时了解情况，做好准备。但实际上，这是为了让人们一直关注它们。

电子游戏行业中的诡计之龙，还会聘请神经科学家，来帮助它们设计出让玩家上瘾的游戏。它们还使用了几种在拉斯维加斯赌场常见的策略，比如给玩家提供可变奖励和间歇奖励，游戏简单容易，方便重新开始。想想老虎机吧，不仅能很快上手，输了还能立马再打一局。其他游戏则利用了人们害怕错过的心理，多人游戏就是其中的一种。在游戏中，即便其中一名玩家退出游戏，其他玩家也可以继续玩。这种诡计之龙还会诱导你花真金白银购买游戏中的附加组件和“战利品宝箱”，这种虚拟宝箱里可能包含一些对游戏作战有用的道具。

在亚蒙诊所，我们治疗过很多沉迷电子游戏的青少年和成年人，包括很多每当父母限制游戏时间就产生暴力倾向的孩子。我们曾经接诊过一个 14 岁的男孩，当他的父母不准他玩游戏时，他摔坏了自己房间里的家具。我们分两次扫描了他的大脑，一次是当他不玩游戏一个月后，另一次是当他再玩游戏时。扫描结果差别很大，仿佛我们看到的是两个截然不同的人。电子游戏导致他的左侧颞叶出现了不健康的活动，左侧颞叶这一大脑区域通常与暴力有关。而当他不再玩电子游戏时，他的大脑状况看起来好多了，他也变成了我见过的最有礼貌的年轻人之一。这是多么巨大的差别啊！

流媒体服务是最近才加入电子之龙阵营的。流媒体服务让连续观看变得十分容易。上一集节目刚刚结束，下一集就开始自动播放。当你决定关掉节目，去做一些对生活有意义的事情，或者上床睡觉时，新节目上线了。等你再次回过神的时候，已是凌晨 2 点，而你的闹钟会在早上 6 点响起。同时，依据你的观看习惯，这些诡计之龙会提示你查看推送内容，它们会抓住抑郁、不安、孤独、无聊等人们内在的情绪诱因来提供服务。当人们想要逃离过去之龙或者其他恶龙时，流媒体服务就提供了一种理想的逃避方式。

电子之龙中一些最为阴险狡诈的诡计之龙，正通过社交媒体平台窃取人们的时间。如今，全球有超过 20 亿人使用社交网络。社交媒体是怎么让你上瘾的？为了让你不停地浏览、发帖和评论，社交媒体已经变得十分擅长使用心理战。

社交媒体应用程序免费开放、触手可及。它们提供永无止境、不断刷新的信息流，让你永远担心自己会错过些什么。它们还会利用关注量和点赞量玩数字游戏。当你的关注量或点赞量上升时，大脑就会释放出让你感到愉悦的多巴胺，并激活脑部的奖励中心。研究表明，对人们来说，比起抵挡住烟、酒的诱惑，控制自己不看社交媒体可要难多了。[20]

然而，社交媒体之龙的真实意图是这样的：它们想让你的眼球紧盯着广告主的广告。你花在广告上的时间越多，对它们就越有利，对你自己就越不利。另外，社交网络和拥有大量“粉丝”的“网红”会让青少年和成年人产生羞耻感，因为他们会无休无止地将自己与那些看起来“拥有一切”的人进行比较。当自己的生活不如他们在网上看到的人的生活那般光鲜亮丽时，他们的自尊心就会遭到严重打击。

电子之龙带来的影响：当你的大脑总在倾听贩卖焦虑的新闻时，焦虑、抑郁和压力会向你袭来，影响你的心理圈。美国心理协会（American Psychological Association）的一项调查显示，56% 的受访者表示，经常关注新闻会给他们带来压力。[21] 长此以往，生物圈就会受到影响，应激激素水平升高会影响大脑中的主要记忆中枢，让你更容易出现炎症，腰间也会堆积更多脂肪。

如果你对新闻没兴趣，而是沉迷于电子游戏和其他与科技相关的事物，那么随着使用时间的增长，你会出现上瘾和“游戏障碍”等症状。2019年，世界卫生组织就将“游戏障碍”列为一种疾病。你还会出现焦虑、心境障碍、失眠、注意力不集中、冲动、健忘等问题，这些都是心理圈范畴内的问题。你也会面临越来越多的人际关系问题，这表明你的社会圈遭受影响。2018年，一项关于游戏玩家脑成像的研究发现，“游戏障碍”患者与药物滥用患者的大脑奖励系统出现了相似的变化，这表明“游戏障碍”患者的生物圈受到了影响。[22] 这些脑部变化容易让人更加冲动，并且会影响调节情绪的能力，这表明心理圈也受到了影响。

如果社交媒体之龙控制了你的大脑，那你会更加厌恶自己，也会感到更加孤独，从而影响你的社会圈和精神圈。越来越多的研究表明，人们在社交媒体上花费的时长与焦虑、抑郁感受的出现存在联系，即社交媒体会影响人的心理圈。[23]

我们可以用简单的5步，智斗电子之龙。

第一步：识别电子之龙。要知道你使用的所有电子设备、流媒体服务、社交网络，看的新闻网站、玩的游戏都是诡计之龙。

第二步：不要盯着代言人看。请牢记，你喜欢的游戏、电影和电子设备背后都是大公司。也请提醒自己，诱惑你花费时间、注意力和金钱的模特只是代言人。大公司就是靠你使用这些产品和服务来赚钱的。代言人通常都魅力十足、亲切友好，让你觉得这就是他们真实的样子，你很了解他们，但其实你一点也不了解。你或许认为自己正在通过社交媒体与朋友保持联系，但实际上你只是把时间和注意力放在了社交媒体背后的大公司身上。另外，请注意，你的朋友也可能在社交媒体上分享假新闻。

第三步：行动之前，了解全局。问问自己，你在网上的活动对大脑有益还是有害？能帮助你建立起真正的人际关系还是会伤害你现有的人际关系？新闻网站是否报道了一些令人难以置信或耸人听闻的消息？你要自己去调查一番，多点击几下鼠标有助于验证新闻报道的真实性。问问自己，孤独和无聊是不是你爱逛社交媒体的原因，并仔细评估沉迷社交媒体是否会助长你身上的一些恶龙。

第四步：别让电子之龙轻而易举地骗到你。不要注册网站，也不要开通提醒和通知服务，再关闭“为你推荐”功能。另外，不要在社交媒体上关注新闻机构的账号。

第五步：避免接触电子之龙。控制使用电子产品的时间，并坚持单屏原则。同时，把卧室打造成没有科技产品的空间。在使用科技产品时，留出“中场休息”时间，即便 15 分钟也会对你有所帮助。另外，在你的电子设备上设置拦截和过滤的功能。很重要的一点是，睡前不要查看或使用任何电子设备，否则你可能会难以入睡。

运动之龙：远离会造成脑损伤的运动

如前所述，人的大脑是柔软的，而人的头骨是坚硬的。头部损伤是出现抑郁、上瘾和记忆问题的主要原因，即使是几十年前发生的轻微头部损伤也可能带来这些问题。妙佑医疗国际（Mayo Clinic）的一项研究发现，无论水平如何，玩橄榄球的人中三分之一有长期的颅脑损伤问题。[24] 我在高中的时候也打过橄榄球，几十年后我扫描自己的大脑，果然就发现了颅脑损伤的问题。但好消息是，当我实践了有助于大脑健康的策略时，我的脑部扫描结果显示，颅脑损伤状况有了很大的改善。

超级碗是世界上最大的体育赛事之一；一些拳击比赛和综合格斗比赛的高价门票几秒内就会售罄；冰球比赛中一旦出现打架斗殴，就会登上当天的晚间新闻。棒球、拳击、格斗、冰球这些运动背后的诡计之龙是专业的公关专家，因为他们能让头部受伤看上去像是令人激动不已的娱乐活动。他们每年领取数十亿美元的薪水，代价却是数百万参加这些运动的儿童、青少年和年轻人可能受伤，因为这些人会模仿他们在体育比赛集锦中看到的猛击、致命一拳和扭打的招式。运动之龙试图合理化运动伤害，于是它们大谈特谈运动的好处，比如能够锻炼身体、促进团队合作、提升制定策略的能力、积累克服困难的经验。这些好处确实不错，但是人们不必冒着头部受伤的风险，在其他运动中也能轻松获得同样的好处。

美国国家橄榄球联盟宣称，头盔可以保证球员的安全，但事实并非如此。《体育画刊》（*Sports Illustrated*）上的一篇调查报道写道："当前，制造商关于头盔安全性的诸多断言，都夸大了相关的科学依据。"[25] 在亚蒙诊所，我们多年来一直在研究橄榄球这项运动和颅脑损伤之间的关系。我们通过脑成像发现，参加橄榄球活动的儿童和青少年、参加高中橄榄球比赛的球员、大学生球员、现役与退役职业橄榄球大联盟球员中，一些人脑部留有明显的创伤性颅脑损伤。他们的脑部成像扫描结果还显示，玩橄榄球时间越长，脑部状况看起来就越糟糕，而且大脑很早就出现了损伤。

运动之龙带来的影响：当你的大脑总在倾听运动之龙的低语时，你会认为进行橄榄球运动和其他运动"还不错"，头部受伤也不会带来持久的问题。但这是一个谎言。脑震荡即便不会让你失去知觉，也会引发抑郁、愤怒、焦虑、失忆、困惑以及其他更多生物圈和心理圈方面的问题。

我们可以用简单的 5 步，智斗运动之龙。

第一步：识别运动之龙。你要知道，体育项目都可能会试图诱导你参加强对抗性运动或向你推广强对抗性运动。

第二步：不要盯着代言人看。你看到的那些享有百万美元年薪的职业运动员只是例外。大多数从事体育运动的人，不仅赚不到钱，还可能因头部受伤而贻害终身。

第三步：行动之前，了解全局。在进行任何运动之前，你要了解脑震荡和头部受伤的风险。

第四步：别让运动之龙轻而易举地骗到你。如果你想向这些诡计之龙发出自己的声音，那就不要在电视上观看它们的比赛，也不要花钱去观看那些体育赛事。

第五步：避免和运动之龙打交道。除了自己不参加，也不要允许你的孩子进行强对抗性运动。生活中有很多替代性运动可以选择，比如，舞蹈、网球、乒乓球、游泳、田径和高尔夫球。

如果你曾经头部受伤，即便是多年后再进行治疗，我们也有很多办法可以帮助你修复伤口。亚蒙诊所针对现役和退役的美国国家橄榄球联盟球员，进行过全球第一项也是规模最大的一项脑成像研究。球员们脑部损伤的程度令人震惊，但让我们感到兴奋的是，80% 的球员通过我们的 BRIGHT MINDS 项目，在脑部血流量、记忆力、注意力、情绪和睡眠等方面都有显著改善。我在《拯救记忆》（*Memory Rescue*）和《精神疾病的终结》这两本书中也提到过这个研究。

节日之龙：避免过度消费，呵护大脑健康

还有什么能比节日之龙看上去更喜庆、更友好的呢？这种恶龙让家庭团聚，带来了节日的欢乐，但是它们最终往往会让你压力倍增、消费过度、疾病缠身。因为节日之龙会向你施压，让你参加派对，引诱你通过暴饮暴食、过度饮酒的方式来提振精神，而臃肿、宿醉可不是什么愉快的体验。

在我家里，所有家庭成员都不会因为过节而强迫自己去吃什么食物。我们都会有意识地选择吃健康的食物，这在充沛精力和愉悦心情的同时，也能帮助我们明白

庆祝节日的真正意义。比如，我们在感恩节会专注于感恩本身，为家人和客人做好榜样。塔娜会在那天做一顿有益于大脑健康的美味大餐，一些家庭成员甚至没有意识到吃的是营养丰富的健康食物。她会为感恩节准备的部分菜品包括以下几种：腌火鸡，这道菜选用了自由放养、不含激素和抗生素的火鸡；让人“毫无负罪感”的肉汁，这道菜的配料有草饲黄油、低钠鸡汤、竹芋、椰子奶油或牛奶、美味的香草和香料；蒜泥花椰菜，这道菜是土豆的神奇替代品；羽衣甘蓝沙拉，这道菜比传统的凉拌卷心菜更好吃；美味的苹果肉桂脆片，配料包括杏仁粉以及一种叫作赤藓糖醇的天然糖醇。

在节日这一天，所有电视广告和社交媒体上的帖子都在展示一家人其乐融融庆祝节日的景象，这会让你感觉自己必须花时间和令人讨厌的亲戚或影响自己身心健康的亲友在一起。你可能并不是那种典型家庭中的一员，你也可能并没有组建家庭，或者你可能没办法和所爱之人团聚，以上种种情况，都可能让你感到孤独和抑郁。

最令人讨厌的节日之龙，是那些宣扬给予精神的商家，换句话说就是让你从他们那里买东西。超 6 成消费者表示，他们在节日期间会有过度消费的压力，无论是购买礼物、进行社交聚会、外出旅行，还是进行慈善捐赠。[26]

节日之龙带来的影响：当你的大脑总在倾听节日之龙的耳语时，你会暴饮暴食、过度消费、自我透支。这些都可能影响你的心理圈、生物圈和社会圈。就心理圈来说，会令你感到有压力、孤独、抑郁、焦虑；就生物圈来说，会让你的体重增加；就社会圈来说，会给你的人际关系制造麻烦。

我们可以用简单的 5 步，智斗节日之龙。

第一步：识别节日之龙。要知道人们在节假日感受到的压力，大部分是由商家在幕后助推造成的。

第二步：不要盯着代言人看。圣诞老人、复活节兔子和山姆大叔都是模样可爱的卡通形象，但是真正送来节日信息的是那些诡计多端的节日之龙。

第三步：行动之前，了解全局。问问自己，参加与节日相关的活动对大脑健康是好是坏。

第四步：别让节日之龙轻而易举地骗到你。不要在手机上开启促销、特惠的推送。

第五步：避免接触节日之龙。为你的假期活动和节日消费做好计划。提前让家人和朋友知晓并支持你的计划，然后坚持贯彻执行。

学会反击社会中的诡计之龙，将帮助你抵御恶习之龙，保护你的 4 个圈层不受伤害。你的 4 个圈层越是强大，你就越能够识别并防范诡计之龙。同时，我们也要保护所爱之人不受这些恶龙的伤害。为了保护年迈的父母、祖父母，你要帮助他们识别、防范那些试图利用他们的诡计之龙；为了保护年幼的孩子，从小你就要教会他们认出诡计之龙，学会设定边界，使他们不仅在幼年不受伤害，在以后的人生长河中也能战胜诡计之龙。

Your Brain is Always Listening

第6章

斩断成瘾之龙，12步大脑训练

童话之所以无比真实，不是因为童话告诉我们龙确实存在，而是因为童话告诉我们龙是可以被打败的。

——摘自尼尔·盖曼（Neil Gaiman）的《鬼妈妈》（*Coraline*）

如果长期放任恶习之龙和诡计之龙不管，或者驯龙者软弱无力，那么人们就更容易对某个事物成瘾。同时，人们在高压之下也更容易成瘾。但好消息是，尽管很多人深受成瘾之害，但当他们目睹这些行为带来的恶果后，就会改邪归正。然而，另一些做出自损行为的人就算尝到了恶果，也会坚持他们的成瘾选择。看看下面这些与成瘾之龙苦斗的患者吧。

23 岁的莱斯莉在公司举办的节日派对上喝多了，当着老板娘的面，对老板抛起了媚眼！第二天，她就被公司解雇了。莱斯莉羞愧难当，发誓再也不喝那么多酒了。但她没有做到。

25 岁的罗比在公司的节日派对上喝得烂醉如泥。他走到主管面前，当着公司首席执行官的面，用脏话侮辱主管。罗比当场就被解雇了。第二天晚上，他和一个朋友去酒吧“庆祝”再也不用和那个“讨厌的女人”一起工作了。他又一次喝得酩酊大醉，在开车回家时被控醉酒驾驶机动车。

36 岁的斯泰茜在 20 年前遭高中体训队开除后开始暴饮暴食。那天回到家，她把厨房橱柜里能找到的东西一扫而空。随之而来的吃撑了的恶心感并没有阻止她继续暴饮暴食。惨遭男朋友抛弃时、从第一志愿大学落榜时、没找到理想的工作时，她都会大吃特吃一番。即便增重 30 斤，变成自己都厌恶的模样，她还是会在遭遇不顺或者受到压力时暴饮暴食。

那些过度饮酒、暴饮暴食或有其他成瘾行为但能从错误中吸取教训的人和那些想方设法大事化小、沉沦于毁灭行为不可自拔的人之间有什么区别？就后者而言，他们体内的驯龙者虚弱不堪，却承受着一支恶龙军队的进攻，其中不乏过去之龙、他人之龙、恶习之龙、诡计之龙。重压之下，成瘾之龙乘虚而入，绑架了他们的大脑和生命。

斩断成瘾之龙是一件非常复杂的事情，拥有一个机警、健康的驯龙者还远远不够。斩断成瘾之龙，需要你去解决生物、心理、社会和精神 4 个圈层出现的问题，驯服其他恶龙，并且治愈你的大脑。

我见识过匿名戒酒会[①]、戒除暴饮暴食互助会等类似项目如何改变人们的生活，包括改变我自己家人的生活。几十年来，我一直把患者转介到这些机构。然而，在 1935 年匿名戒酒会成立之初，创始人还没有接触过复杂的神经成像技术，他们从未把大脑诊治作为治疗的一部分，也没有意识到戒酒与生物圈的健康有关。戒瘾项目的 12 个步骤通常包含心理、社会和精神层面，具体如下：

1. 承认面对酒精无能为力，难以掌控自己的生活。
2. 开始相信有一种超乎自身的强大力量，可以让人恢复理智，并相信自己有望被治愈。
3. 寻求帮助并相信会获得帮助。
4. 做一次彻底的、无畏的自我审视，了解自身的错误和行为对他人的影响。
5. 向自己和他人坦承自身的错误，有助于减轻内疚感和羞耻感。
6. 做好克服性格缺陷的准备，即抛弃那些阻碍你前进的行为。

① 匿名戒酒会（Alcoholics Anonymous），1935 年 6 月 10 日创建于美国，是一个通过相互交流经验、支持鼓励来帮助更多酗酒者戒酒的组织。——译者注

7. 犯错时及时承认，并寻求帮助，让自己变得更好。

8. 列出所有被自己伤害过的人的名字，自愿对所有人做出补偿。准备好向自己伤害过的人赔礼道歉。

9. 在不伤害他人的情况下，尽可能直接向被伤害之人赔礼道歉，在赔礼道歉前要深思熟虑。

10. 继续自我检讨，有错就认，永远不要停止自我反省。

11. 进行冥想，保持自己新的生活方式。

12. 通过以上步骤使精神觉醒后，设法将戒酒会、戒除暴饮暴食互助会等的有关信息向外传递，并且践行以上步骤，以帮助他人。[1]

打破成瘾链条

匿名戒瘾项目不仅强大有效、久经时间验证，而且已经帮助了全球数百万人。然而，这些项目显然并不适用于所有人。美国退伍军人事务部（Department of Veterans Affairs）的一项研究显示，只有 43% 的匿名互助项目被试能在参与该项目的第 18 个月保持头脑清醒。[2] 疗效较低的原因之一在于，这个项目和许多其他康复项目一样，没有把解决大脑生理功能问题作为其中一个步骤包括在内，而这一步骤也是以往戒除成瘾症状过程中缺失的一环。考虑到这一点，我想提供能够打破成瘾链条的 12 个新步骤，帮助人们摆脱成瘾之龙。我提出的这 12 个新步骤将更加平衡生物圈、心理圈、社会圈以及精神圈，因为它们都至关重要。

第一步：知道自己想要什么。

大多数成瘾康复项目的第一步都是承认问题，明白自己在什么时候对某种事物或行为感到无能为力。但我认为，我们应该提前一步，先明确知道自己想要什么。如果你告诉大脑自己想要什么，它就会帮助你实现愿望。

在成瘾的世界里，治疗师经常会问患者的底线高低，即是能够马上从错误中学到东西（底线高），还是必须在失去一切后再寻求帮助（底线低）。16 岁时，有一回，我喝了 6 罐啤酒和半瓶香槟，然后就醉倒了，病了 3 天。从那以后，我就很少喝酒了。我经常想，为什么别人会觉得喝酒非常有趣。对我来说，喝酒没有一点乐趣，而且我酒后傻瓜似的表现让我特别尴尬。所以，我为自己设置了较高的底线。

为了从上瘾的枷锁中挣脱出来，你必须知道自己在生活中想要什么。具体来说，你想从人际关系、工作、金钱、身体、情感和精神健康方面获得什么？把你的答案写在后文的 OPM 练习页上，然后每天问问自己："我采取的行动是否让我得到了想要的东西？"你得确定，你的行为对你的目标是好是坏，是否契合你的目标。如果答案是否定的，那么是时候制订一个新计划了。

第二步：知道成瘾之龙何时会将你挟为人质。

这个步骤与匿名戒瘾项目的第一个步骤类似。你要知道自己在什么时候是无能为力、无法掌控生活的。而你该怎么知道自己出了问题而无能为力的时刻呢？很多人拒绝承认自己的所作所为，也不愿意承认自己出了问题。但我经常对我的患者说，这个问题的答案很简单：当喝酒、吃饭、购物等行为给你的人际关系、健康、工作、财务或法务状况带来麻烦，而你依旧不断做出类似行为时，你就陷入了无能为力、无法掌握的状态，成为一个成瘾者。在这种状态下，你要么不知道这种行为会让你陷入麻烦，要么无法控制自己一犯再犯。

对很多人而言，问题行为是逐步显现的，变化也是在不知不觉中发生的。当你被成瘾之龙掌控时，你的大脑已经自行倒带，让你不顾后果地继续做出上瘾行为。你可以做一做下面的 CAGE 问卷，看看自己是不是出现了问题。研究成瘾问题的专家数十年来一直在使用这套问卷，以帮助识别人们是否存在酗酒问题。这套问卷也可以帮助你找出其他让你成瘾的物质和行为，只需要把喝酒这个词语替换成吸烟、服用处方药、暴饮暴食、购物或任何可能让你成瘾的东西就好。

CAGE 问卷[①]

你是否曾觉得自己应该少喝点酒，或者减少其他上瘾行为？

○ 是　　○ 否

他人批评你酗酒或批评其他上瘾行为，是否让你感到恼火？

○ 是　　○ 否

你是否曾经为饮酒或其他上瘾行为感到内疚？

○ 是　　○ 否

你是否早起第一件事就是喝一杯或做其他上瘾的事情，来稳定你的精神或摆脱宿醉？

○ 是　　○ 否

如果你对以上两个或两个以上的问题做出了肯定的回答，那么你可能出现了酗酒或其他成瘾问题。

排查 4 个圈层的成瘾风险

成瘾之龙会影响生活的方方面面，包括人的身体健康、精神健康、情感健康，社交生活以及核心价值观。成瘾之龙也会助长其他恶龙的气焰，使人的生物圈、心理圈、社会圈和精神圈都可能出现问题。大多数出现问题的人，就算没有在所有圈层都遇到问题，也会在好几个圈层面临麻烦。

成瘾之龙在生物圈发出的信号如下：

- 对上瘾物质或行为越来越渴望。

① John A. Ewing，"Detecting Alcoholism：The CAGE Questionnaire，" Journal of the American Medical Association 252, no. 14,（October 12, 1984）：1905-07.

- 饮食习惯或睡眠习惯发生改变。
- 感觉不舒服或常常宿醉。
- 忘记酒后发生的事情。
- 为了获得与之前同样的感觉，不断增加上瘾物质或行为的量。
- 没有办法戒烟。

成瘾之龙在心理圈发出的信号如下：

- 抑郁、易怒或常有情绪波动。
- 对喜欢的活动失去兴趣。
- 最小化行为带来的影响。
- 面对质疑感到气恼或愤怒。
- 对自己的行为感到内疚。
- 当无法进行成瘾行为时，会感到焦虑、抑郁或易怒。
- 整天想着成瘾行为。
- 感觉无力改变自己的行为。

成瘾之龙在社会圈发出的信号如下：

- 工作表现不佳或学习成绩开始下滑。
- 远离家人和朋友。
- 忽视责任。
- 结交和自己有相同嗜好的人。
- 将越来越多的时间花在成瘾行为上。

- 避开不能进行成瘾行为的情况。
- 结交不好的朋友，且这些人很有可能做出有害的行为。

精神圈指你的核心价值观和道德观，这些观念在成瘾者和其他有问题行为的人身上会大打折扣。比如，在你被恶习俘虏之前，你可能从未对伴侣撒过谎，或者从未忘记去学校接孩子。然而，当你深陷问题行为的泥淖时，你会开始做一些过去认为是错误的事情。

成瘾之龙在精神圈发出的信号如下：

- 违反所在组织的规则。
- 作弊。
- 对家人、朋友、同事和其他重要的人撒谎。
- 偷窃或卖掉个人的珍贵物品来换取让人成瘾的东西。
- 藏东西。
- 违背承诺，寻找借口。
- 使用只有成瘾者才懂的话。

在浏览以上 4 个圈层的症状时，你要坦诚面对自己在行为和生活上出现的变化。用笔圈出看起来与自己情况相符的症状。圈出的症状越多，你就越有可能出现了问题。除非你能意识到并承认自己的问题，否则你将无法摆脱成瘾之龙。

第三步：下定决心关爱、修复你的大脑。

世界上几乎所有的成瘾治疗项目都缺少一个环节，那就是日常检查和评估大脑的功能。你的大脑与你所做的每一件事都息息相关。当大脑正常工作时，你就能正常工作；而当大脑由于任何原因受到干扰时，你更容易在生活中遇到麻烦，特别是被成瘾之龙纠缠。同时，如果你的大脑没有处在最佳的工作水平（实际上大多数人的大脑都难以保持最佳水平），那么，就算你信守承诺，全力以赴，充满干劲、热情，勤勤恳恳地完成了诸如匿名戒酒会等互助机构的所有戒瘾步骤，你还是很难保持头脑的清醒。

1991 年，第一次观察大脑的经历彻底改变了我的思维和临床实践。当时，我主管一个住院患者药物滥用治疗项目。和患有焦虑、抑郁或注意缺陷多动障碍等精神问题的患者相比，成瘾患者的脑部 SPECT 扫描结果更加糟糕。酒精显然会损害大脑；而一旦它们摧毁了大脑，生命也就变得岌岌可危。一段时间后，赌博成瘾和电子游戏成瘾对大脑造成的伤害，也变得日益明显。图 6-1 展示了健康大脑和因不同原因受损的大脑的 SPECT 影像。

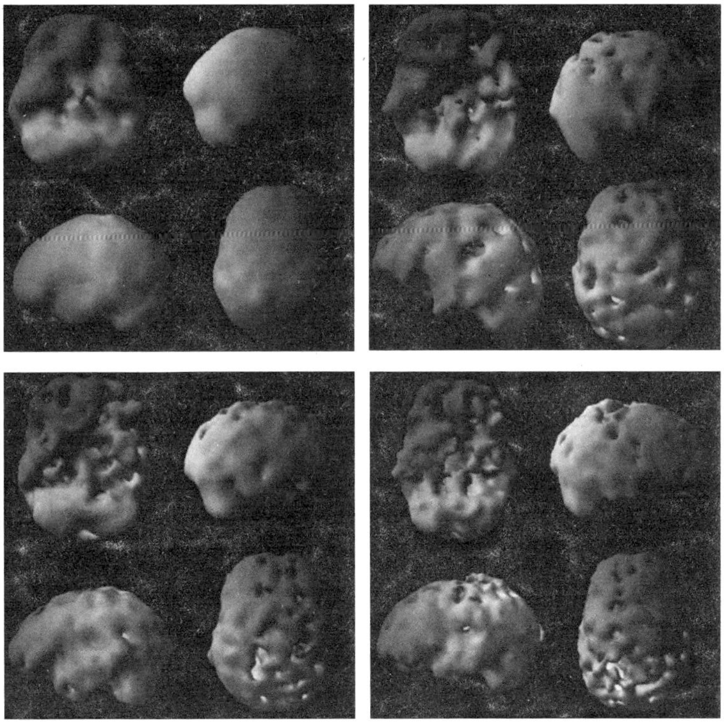

图 6-1　健康状况不同的大脑对比图

注：图中分别是健康大脑的 SPECT 影像（左上）、因酒精受损的大脑 SPECT 影像（右上）、因药物受损的大脑 SPECT 影像（左下）、因吸入物受损的大脑 SPECT 影像（右下）。

理解、优化大脑功能对戒瘾至关重要。你必须爱上大脑，并努力平衡和修复大脑功能，这样大脑才能控制所有的恶龙，包括过去之龙、他人之龙、恶习之龙、诡计之龙，以及窃取幸福的蚂蚁。要战胜任何形式的成瘾，关键在于正确饮食、锻炼身体、避免接触任何会伤害大脑的事物以及养成并保持有益于大脑健康的习惯。然而，在戒除成瘾互助小组里，你很可能目睹人们抽烟、喝咖啡、互相提供不健康零食的情况。

我曾经帮助过佛罗里达州一家著名的成瘾治疗中心，在它们的成瘾评估服务中加入了 SPECT 脑成像服务。我原本还为帮助它们在工作上“开疆拓土”而兴奋不已，直到在第一次讲座时，我发现这家治疗中心给患者提供的早餐居然包括甜甜圈、糕点、果汁和含糖麦片。糖是另一种会令人上瘾的物质，所以这种情况必须得到改变。如果你想戒瘾，你就必须正确对待大脑并合理选择食物。在《精神疾病的终结》一书中，我用一整章讲解了有利于大脑健康的简单方法，这些方法也可以让挑选食物变得异常简单。

第四步：宽恕自己和他人。

解决成瘾问题的简单方法，就是让人们自行放弃难对付的行为。人们体内的成瘾之龙就应该去睡觉，别再惹人烦恼。但成瘾行为比大多数人想象的更为复杂。脑成像研究工作告诉我们，正常运转的大脑能对严厉的爱做出反应；但是对于出现问题的大脑来说，严厉的爱就像在身体硬件出了问题的人身上做“软件编程”，效果并不好。

戒瘾的关键在于关爱自己、照顾自己、宽恕自己和宽恕他人。如果你不爱自己，就不会好好照顾你的大脑，甚至很可能会继续伤害大脑。宽恕是一种不断给予的礼物，是一剂治愈人心的良药。研究表明，宽恕与缓解焦虑、抑郁及精神失常等症状之间存在关联。宽恕还与较少的身体病症、较低的死亡率有关。[4] 宽恕也是击败评判之龙的关键。

根据大脑类型控制成瘾之龙

第五步：了解你身上成瘾之龙的大脑类型。

每个人的大脑都各不相同，即便是健康的大脑，也不会一模一样。亚蒙诊所刚开始做脑成像研究时，我们曾经试图找出与某些疾病相关的脑成像。然而，我们发现每种疾病的脑成像并不相同，需要对症下药。其实，出现脑成像不同这种现象也不无道理，举例而言，抑郁永远不会只有一种模式，所有的抑郁患者也不会出现完全相同的症状。有些人孤僻，有些人易怒，还有一些人焦虑或偏执。一刀切的方法只会带来失败和挫折。

脑成像还帮助我们发现了不同的大脑类型，这在解决患者问题和提供治疗方面创造了细微的差别。另外，脑成像帮助我们在治疗患者上取得了重大突破，为成千上万前来问诊、读过我的书或看过我节目的人，打开了一个关于理解和希望的新世界。了解大脑的类型，对于获得正确的帮助至关重要。以下是 5 种基本的大脑类型以及对应治疗方法的总结。[5] 由于 5 种基本大脑类型组合后扩展到 16 种，所以你的大脑类型可能不止一种。

平衡型大脑

拥有平衡型大脑的人通常拥有健康的大脑，他们专注、灵活、积极也放松。因为他们的大脑往往都很健康（见图 6-2），所以惹上成瘾之龙的概率就很小。然而，对于这些人而言，爱护大脑并且采取对大脑健康有益的举措依然非常重要，比如，定期锻炼、均衡饮食、不断学习新事物。服用多种维生素补充剂、矿物质补充剂和 ω-3 脂肪酸，测试并优化维生素 D 水平等，都可以让他们受益。漠不关心大脑健康、折磨大脑，甚至让大脑处于诸如打橄榄球这样的危险之中，都会让人更容易惹上成瘾之龙。

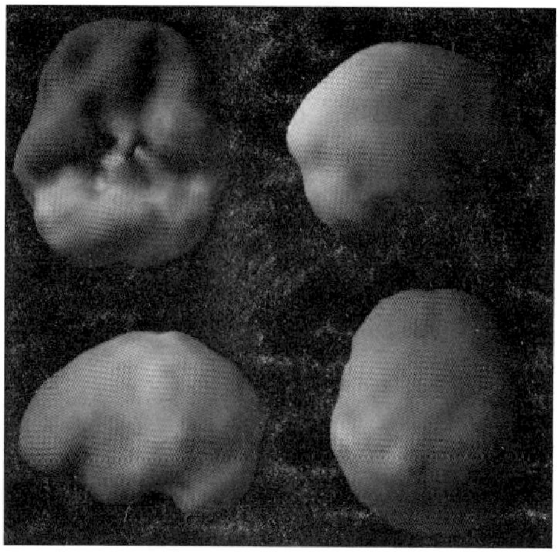

图 6-2　充分、均匀、对称的脑部活动

冲动型大脑

拥有冲动型大脑的人通常有以下特征：天真率直，喜欢冒险，是充满创意、打破常规的思考者，坐立不安，容易分心，只在感兴趣时才专注。此类大脑的 SPECT 扫描结果显示，位于大脑前部的前额叶活动通常较弱，所以驯龙者往往也软弱不堪。前额叶会防止我们做出与自身最大利益不符的言行举止，但是也会阻碍充满创造、打破常规的思考。冲动型大脑的多巴胺水平通常较低，这会让人们更加坐立不安，想要去冒险，专注于自己感兴趣的事。根据我们研究团队已经发表的几项研究，该类型大脑的前额叶实际活跃度较低，只有感到兴奋或者受到刺激，才能集中注意力。消防员和赛车手就是如此。烟民和咖啡党通常也是这种大脑类型，他们需要通过使用烟和咖啡这些物质来“激活”大脑。

以兰德尔为例，他 16 岁时开始吸烟，51 岁时决定戒烟。每天早上，他都怀揣戒烟的美好愿望醒来，但当看到别人吸烟时，他就会不由自主地把手伸向香烟。但兰德尔是因为其他问题来问诊的，他的 SPECT 脑部扫描结果显示，前额叶活动低下（见图 6-3）。

通过下面的方法，他的大脑前额叶活跃度增强，他最终坚持参加了一个戒烟项目，也没有半途退出。

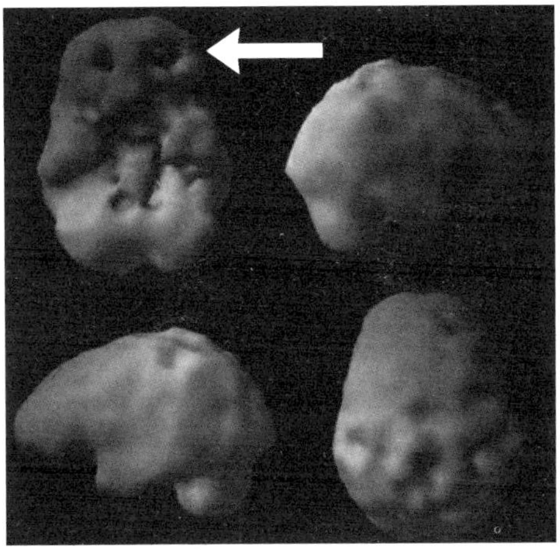

图 6-3　冲动型大脑前部（箭头所示）的前额叶活动低下

服用任何能镇静大脑的补充剂或药物，如 5- 羟基色氨酸、5- 羟色胺选择性重摄取抑制剂等，都会让冲动型大脑状态恶化，因为这些物质会使原本活动就非常低下的前额叶变得更加虚弱，发挥不了应有的功能，从而让人们把控不住自己的行为。我们治疗过很多人，他们在开始服用 5- 羟色胺选择性重摄取抑制剂后，做出了让自己后悔不已的事情，比如囊中羞涩却大肆挥霍。脑成像结果表明，他们的前额叶活动低下，而他们又服用了会提高体内血清素的药物，从而导致判断力下降。

要提升这类大脑的性能，可以通过提升多巴胺水平，增强前额叶的功能。养成高蛋白、低碳水化合物的饮食习惯，参加体育锻炼，以及服用如红景天、绿茶提取物、左旋茶氨酸、南非醉茄、人参、银杏叶以及磷脂酰丝氨酸等具有刺激性功能的补充剂，对此都有帮助。你可以用几天时间，找出最适合你的补充剂。如果一种或多种补充剂让你感到过度兴奋或沮丧，应停止服用，尝试文中提到的另一种补充剂。以下是对有益大脑的补充剂的介绍：

- 红景天：一种生长在亚洲和欧洲高海拔地区的草药，传统上用于克服疲劳、改善记忆力、提高注意力。

- 绿茶提取物：由山茶这一种常绿灌木的干燥树叶制成，用于提高注意力，并治疗许多轻微病症，包括焦虑、肥胖。

- 左旋茶氨酸：绿茶中特有的一种氨基酸，不仅可以提高多巴胺水平，还能增加γ-氨基丁酸和血清素，平衡大脑中的情绪中枢。左旋茶氨酸有助于人们集中注意力，缓解精神和身体的压力。

- 南非醉茄：也叫印度人参、印度冬樱桃，通常用于提升注意力和放松身心。这种植物本身是一种适应原①，可以帮助身体更好地应对压力，缓解焦虑和疲劳。

- 磷脂酰丝氨酸：对大脑健康至关重要，它维系着神经元和神经元网络，使大脑能够形成记忆并保存记忆。服用磷脂酰丝氨酸的患者，大脑代谢活动普遍增强。[6]

执着型大脑

拥有执着型大脑的人通常有以下特征：坚持不懈、意志坚定、喜欢按自己的方式行事、会被思想“困住”、会与伤痛纠缠、能看到自己或他人身上的问题。执掌全局且不容拒绝的人，很有可能拥有这种类型的大脑。执着型大脑前部的前扣带回通常高度活跃。前扣带回就是我前文比喻的大脑的换挡器，它可以帮助人们转变想法或行动，与大脑的认知灵活性相关。拥有这类大脑的人往往顽强又固执。此外，他们可能存在多虑、失眠、好争辩、易反对、对过去心怀怨恨等种种问题。一般来说，血清素水平较低会导致前扣带回过度活跃，而这会让人们难以转移注意力，执着于眼下的事物，即便执着可能对他们并没有好处。

比如，42 岁的利无法控制自己对赌博的欲望。每天一觉醒来，他就会打开电脑查看当天体育赛事的转播情况。在一场比赛中，他不仅会赌哪支球队赢，还会赌半场比分、球员个人数据等。妻子威胁他，如果不停止赌博就要和他离婚，因此他日夜忧虑、心怀不满。带着这样的情绪，他来到了我们的诊所。他的脑部 SPECT

① 能使机体增强非特异性防御能力的物质。——译者注

影像显示，前扣带回过于活跃（见图 6-4）。我们建议他服用天然补充剂来提高血清素水平，通过这种方法，他摆脱了持续忧虑的症状。另外，心理治疗和戒赌支持小组的组合式疗法，也让他最终驯服了体内的成瘾之龙。

咖啡因和减肥药往往会让这种类型的大脑状况变得更糟，因为这类大脑不需要更多的刺激。事实上，拥有执着型大脑的人，可能还会觉得他们晚上需要小酌几杯葡萄酒来缓解焦虑。

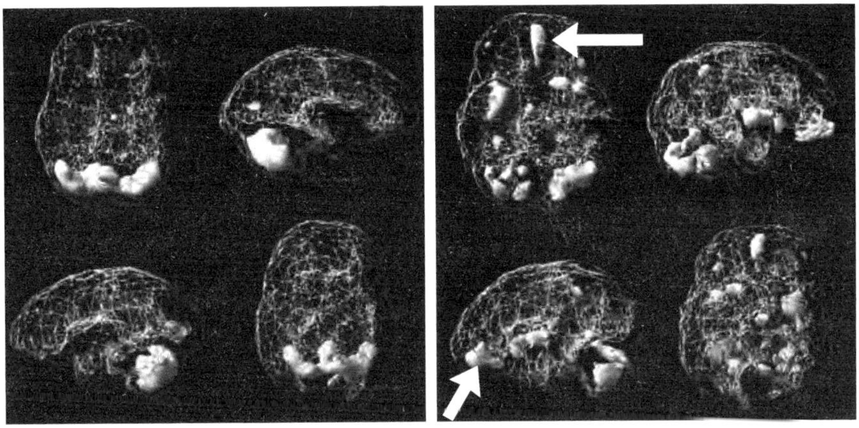

图 6-4 健康大脑（左图）与执着型大脑（右图）的 SPECT 影像对比

注：右图箭头指示执着型大脑前部的前扣带回高度活跃。

面包、意大利面和糖果等高血糖指数的碳水化合物，进入人体后能够迅速转化为糖，使血清素水平上升，从而让大脑平静下来。这就是为什么拥有执着型大脑的人会对这些简单的碳水化合物成瘾。他们常把碳水化合物当作“情绪食物”，来自我治疗潜在的“情绪病”。但最好别用这些权宜之计，这样只会造成长期的健康问题。拥有执着型大脑的人应该通过体育锻炼来提高血清素水平，同时考虑服用补充剂，比如 5- 羟基色氨酸、藏红花：

- 5- 羟基色氨酸是一种可以转换为血清素的氨基酸前体。它能提高大脑中的血清素水平，有助于让过度活跃的前扣带回平静下来。同时，你也可以利用 5- 羟基色氨酸来润滑前扣带回，改善注意力转移困难的状况。很多双盲试验表明，5- 羟基色氨酸还能够有效地提升情绪[7]并抑制食欲。

- 藏红花是全球最昂贵的香料之一，一项最近的研究表明，其对情绪[8]、记忆力[9]、性能力[10]都有帮助。

敏感型大脑

拥有敏感型大脑的人，通常有以下特征：心思敏感、感受深刻、有同理心、常与情绪缠斗、更加悲观、常与消极想法缠斗。敏感型大脑的 SPECT 影像结果（见图 6-5）显示，大脑深层边缘区域或情感中心的活动增加，这让属于这种大脑类型的人容易敏感、共情，且感受深刻，但也容易被情绪问题左右，会同更加悲观的情绪和消极的想法缠斗。

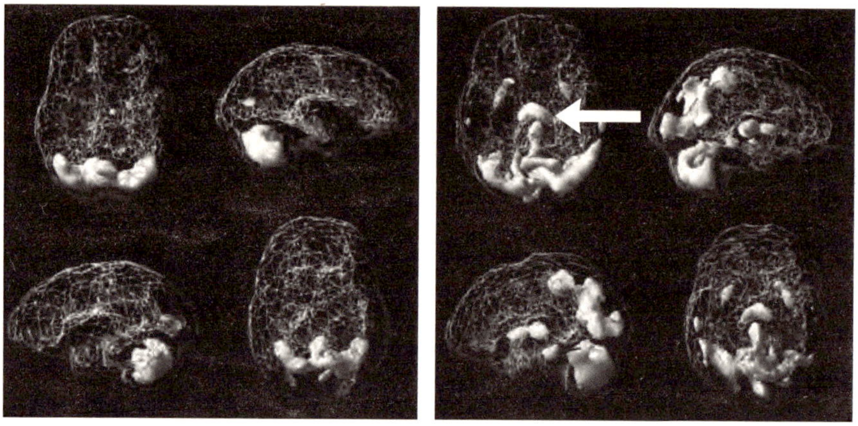

图 6-5　健康大脑（左图）与敏感型大脑（右图）的 SPECT 影像对比

注：右图箭头指示敏感型大脑深层边缘区域高度活跃。

运动、服用特定补充剂，可能对拥有敏感型大脑的人有所帮助。人的大脑可能由多种类型组合而成。如果拥有敏感型大脑的人，同时也拥有执着型大脑，那么最有帮助的方法，莫过于服用能够提升血清素水平的补充剂或者药物，如活性甲硫氨酸、ω-3 脂肪酸、维生素 D：

- 活性甲硫氨酸：又称 SAMe，对多巴胺、肾上腺素、血清素等多种神经递质的产生至关重要[11]，SAMe 已被证明具有抗抑郁的作用。[12] 2017 年，美国精神病学会研究工作组委员会（American Psychiatric Association Council on Research Work Group）的一项综合研究综述显示，SAMe 对治疗抑郁有明显效果。人们还发现，SAMe 可以治疗关节炎症，缓解疼痛。但有双相障碍倾向的患者，在尝试这种补充剂之前，应该先咨询医生。

- ω-3 脂肪酸：对情绪健康非常重要，此类脂肪酸水平较低会引发抑郁、自杀行为，并带来许多其他生理、心理问题。2016 年，我们在亚蒙诊所连续测试了 50 名未服用鱼油补充剂的患者体内 ω-3 脂肪酸的水平。我们发现，50 人中，有 49 人的 ω-3 脂肪酸未达到理想水平。而在另一项针对 130 名患者的认知测试中，较低水平的 ω-3 脂肪酸与较低的情绪分数有关。[13]

- 维生素 D：对于维持大脑健康、稳定情绪、增强记忆力以及维持其他许多生理活动都至关重要。在亚蒙诊所，我们会测试所有患者的维生素 D 水平，却惊人地发现，有相当比例的患者体内这一重要维生素水平偏低。而体内的维生素 D 水平越低，人就越有可能抑郁。数十年来的研究表明，偏低的维生素 D 水平会带来抑郁等情绪问题。根据 2008 年刊登在《内科医学杂志》（*Journal of Internal Medicine*）上的一项研究，补充剂可能对人的健康有所帮助。该研究针对 441 名患有抑郁症的超重和肥胖成年人，展开了为期一年的调研。[14] 在该研究中，每周服用 20 毫克或 40 毫克维生素 D 的患者，称他们的抑郁症状显著减轻，而服用安慰剂的患者则觉得并无改善。你可以去医院，做一种叫作 25- 羟维生素 D 的血液测试，以检测你体内的维生素 D 水平。

谨慎型大脑

拥有谨慎型大脑的人，通常有以下特征：会事先做好准备、小心谨慎、积极进取、少言寡语、心思重、焦躁不安。在这类大脑的 SPECT 影像中，我们经常能在诸如基底神经节、岛叶皮质或杏仁核等会产生焦虑情绪的大脑中枢中，见到脑部活动的加剧。神经递质 γ- 氨基丁酸可以帮助过度兴奋的大脑平静下来，所以低水平的 γ- 氨基丁酸通常会让拥有这类大脑的人更容易受到焦虑折磨，从而变得更加谨慎和保守。但是从另一方面看，他们往往也准备得更加充分。

25 岁的阿曼达在广告行业工作，压力很大，精神一直处于紧绷状态。她会在下班途中去酒吧喝几杯放松一下。尽管每天都喝酒，但她从来都没有喝醉过，也没有失控的感觉，所以她不认为自己对酒精上瘾了。当她在男友的催促下来到我们的诊所时，我们发现她的大脑看上去像是中毒了，这表明酒精已经对她的大脑造成了伤害。此外，她的大脑基底神经节也过于活跃（见图 6-6）。我们为她提供的治疗方案包括学会如何放松的技巧，以及摄入天然补充剂。在这个治疗方案的帮助下，她感到更加平静，不再依赖酒精舒缓神经。

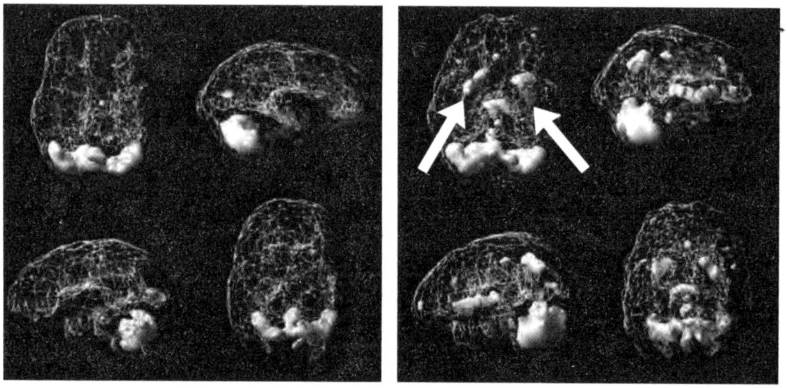

图 6-6　健康大脑（左图）与谨慎型大脑（右图）的 SPECT 影像

注：右图箭头指示谨慎型大脑基底神经节高度活跃。

祈祷、冥想和催眠都可以让拥有谨慎型大脑的人放松下来，这类人也可以在医生的指导下摄入维生素 B6，甘氨酸镁、苹果酸镁或柠檬酸镁等，具有镇定功能的神经递质 γ- 氨基丁酸。

一般来说，一个人不止拥有一种大脑类型。所有潜在的大脑类型组合起来有 16 种，比如“冲动 - 执着 - 敏感”型或“敏感 - 谨慎”型。很多年前，我们就发现不是所有人都能来我们的诊所做脑部扫描。所以，我们基于数千次扫描结果，研发了一份有助于预测大脑类型的问卷。虽不及通过实际扫描观察大脑那样来得真切，但是这份问卷仍能提供帮助，世界各地成千上万的医学及心理健康专业人士在使用它。你可以在 www. brainhealthassessment.com 网站上进行免费的大脑健康评估，了解你的大脑类型。网站上也列出了我们为每种类型的大脑提出的具体建议。

控制成瘾的 9 个策略

第六步：封锁欲念之龙。

我们都容易受到内心欲念的驱使。然而，当你惹上了成瘾之龙，光是在商场的美食广场闻到饼干的香味，抑或是看到一个新电子游戏的广告，你脑部的情感记忆中心就会被激发，让你想要沉溺于过去的行为。即便你的大脑已经保持数十年清醒的状态，或者早已戒掉赌博、贪食、电子游戏，你的大脑仍然容易受到欲念的驱使以及旧有行为模式的影响。

学会控制自己内心的欲念非常重要。下面的 9 个策略将帮助你控制欲念，避免成瘾复发。

策略 1：保持血糖平衡。较低的血糖水平会使大脑的整体活动较弱，其中包括较弱的前额叶活动，这就意味着你会有一个疲惫无力的驯龙者。而大脑活动低下则会让你有更多欲念，做出更多错误的决策，甚至经历更加频繁的成瘾复发。低血糖会让你感到饥饿、易怒、焦虑，让你更有可能做出糟糕的选择，还会让你更加愤怒，也更容易走神。

那什么原因会造成低血糖呢？许多日常行为都会使血糖水平下降，包括喝酒、不吃饭、吃含糖零食或喝含糖饮料。高糖零食和饮料一开始会让血糖飙升，但是血糖在大约 30 分钟后就会骤降。此外，身体对葡萄糖的利用效率也会逐步降低，让人们在晚上尤其是深夜更容易丧失自控力。相反，如果一整天都保持均衡的血糖水平，就可以降低对食物的渴望，增强自控力。首先，要每天吃有营养的早餐。吃一顿包含蛋白质等丰富营养物质的早餐，可以让你当天的血糖有一个良好的开始，并且保持几个小时的血糖平衡，让你在午餐前也不会感到饥饿。其次，要每餐少吃一点。这样你就不会坐上血糖过山车，也不用体验情绪起伏、食欲大增的感觉。再次，要远离单糖和精制碳水化合物，包括糖果、苏打水、曲奇饼干、薄脆饼干、白米饭、白面包和加糖果汁。高糖高脂的食物会对大脑的成瘾中心产生影响。这一点不仅对暴饮暴食者来说很重要，对其他事物成瘾的人也同样重要。研究发现，过度摄入糖分会改变大脑中的神经递质，增加人们沉迷于药物或酒精的风险。糖瘾在酗酒者中很常见，而且通常在酗酒者试图戒酒时发作得相当厉害。因为身体代谢酒精和糖分的方式相同，所以吃糖会增强对喝酒的渴望，反之亦然。最后，要远离甜品柜台。当我自己想通这一点时，我终于能够减掉多年来一直想减掉的赘肉。我喜欢过没有欲念的生活。但是多年来，我一直在挣扎到底要不要放弃甜品，比如冰激凌或糖果。我曾经以为减肥的关键在于把握热量的摄入和消耗。如果热量的摄入量能够保持在一定范围内，那我就不用操心减肥了。但问题是，吃糖会诱发我对食物的渴望，让我很难远离那些对我有害的食物。对大多数人来说，完全戒糖需要大约两周，两周之后对甜品的渴望才会消失。

策略 2：减少摄入人工甜味剂。如果你真想降低对食物的渴望，你还必须摆脱饮食中的人工甜味剂。因为甜味剂不含热量，所以很多人就觉得可以随心所欲地摄入甜味剂。然而，比糖甜 600 倍的甜味剂可能会激活大脑的食欲中枢，让你想要吃更多的别的食物和糖。澳大利亚的一个科学家团队发现，当酒精与含有人工甜味剂而非糖的饮料混合时，酒精能够更快地进入血液。因此，无糖汽水减不了肥。我喜欢“天然”无热量的甜味剂，如甜叶菊、赤藓糖醇和木糖醇，因为它们不会影响血糖水平。然而，我仍然只建议偶尔浅尝一口就好。

策略 3：控制你的压力水平。另一个降低渴望的重要方法是进行日常压力管理。任何让人有压力的事情都会刺激某些激素分泌、激活渴望，让你觉得自己需要冰激凌、香烟，或者必须休息一下、踢一脚东西来释放压力，也会让你想要打电话给朋友抱怨你一天的生活。祈祷、冥想和催眠是绝佳的控制压力水平的方法，也能帮助你抑制渴望。

策略 4：智斗狡诈的成瘾诱因。如果你是一个暴饮暴食的人，那么当你前往购物中心、机场或球场时，你就不可能对一家又一家的商超和店铺视而不见，店里大肆宣传的食品会激发你的渴望。比如，每当要去电影院看电影时，我立马就会想要买一大桶富含大量黄油和甘草的爆米花。但是后来我转念一想，这样一来，饱和脂肪、盐和糖就会一股脑儿地涌入我的大脑。

为了控制欲念，你必须了解那些让你产生渴望的人、地方和事物，这样你就可以提前为自己欲念被触发的时刻做好准备。比如我现在会带着零食去看电影，这样我就不会受到爆米花和甘草的诱惑了。

策略 5：找出隐藏的食物过敏原。隐藏的食物过敏原会不断激发人对食物的渴望并引发旧疾。比如，小麦麸质和牛奶过敏会减少流向大脑的血流量，进而降低人的判断力。此外，许多与食物过敏相关的症状，如头痛、失眠、失神、愤怒、好斗和焦虑等，都会让你的压力不断增加，渴望不断增强，也会让你更容易做出其他有害行为。食物过敏与酗酒密切相关。作为常见的食物过敏原，玉米、小麦、黑麦和大麦也是伏特加、威士忌、啤酒、杜松子酒和波旁威士忌等酒精饮料的原料。让你过敏的食物往往是你最渴望的食物。所以，如果你对酒精生产中的某种原料过敏，你可能就会想喝酒。

策略 6：培养意志力。意志力就像肌肉，一不锻炼就会失去它。大多数人从小就开始学习如何培养自制力。当我们询问父母能否做一些对自己不利的事情时，如“晚饭前能吃一盘饼干吗”“可以不戴头盔坐在邻居的摩托车后面吗”“可以抓住一条陌生小狗的尾巴吗”，父母会拒绝我们提出的这些请求，然后我们就学会了对自己说不。但是，或许你的父母是工作狂，不能经常陪你，这让你可以为所欲为，从来没有学习过如何自制；又或者，你的父母对某些事物成瘾，通过观察他们的言行，你也学会了向欲念屈服；再或者，你体内的成瘾之龙也许已经剥夺了你拒绝的能力，抑或是恶习之龙已经驯服你的大脑，让你屈从于欲念。

无论你缺乏自制力的原因是什么，你都需要通过练习来增强你的意志力。你需要一遍又一遍地拒绝那些对你不利的事情。拒绝的次数越多，拒绝起来就会越容易。一旦你说了不，就马上做些别的事情，把注意力从渴望的东西上转移开来。转移注意力非常重要。

策略 7：开始运动。关于运动和成瘾关系的科学研究发现，体育运动可以降低渴望和成瘾复发的风险。无论你渴望的是香烟、酒精、含糖零食还是赌博，体育运动都能有所帮助。一项针对中度和重度吸烟者的研究表明，即便看到能引发复吸渴望的相关吸烟图像，戒烟 15 小时的吸烟者在进行运动后，也不太想吸烟了。[15]

策略 8：保证充足的睡眠。你有没有注意到一个现象，当你一晚上几乎没睡，你醒来时就会饿得要命，什么都想吃，看到什么就吃什么？这是因为睡眠不足会让人对食物以及其他成瘾行为的渴望增强。而当你睡了个好觉，你的大脑就会自行清理脑部垃圾，加强记忆力和学习能力，为第二天做好准备，从而让你做出更好的决策。

策略 9：服用天然补充剂来控制对食物的渴望。N- 乙酰半胱氨酸、α- 硫辛酸和铬是 3 种天然补充剂，有助于降低人们对食物的渴望。以下是它们的工作原理：

- N- 乙酰半胱氨酸：N- 乙酰半胱氨酸是一种产生强抗氧化剂谷胱甘肽（glutathione）所必需的一种氨基酸。N- 乙酰半胱氨酸会与细胞内危险的有毒元素相结合，以清除这些有毒元素。近期，研究者正将 N- 乙酰半胱氨酸作为一种药物成瘾的治疗方法，因为 N- 乙酰半胱氨酸的作用是恢复大脑奖励中心兴奋性神经递质谷氨酸的水平。[16] 越来越多的研究发现，N- 乙酰半胱氨酸可以降低人们对香烟的渴望，并降低成瘾复发的风险。N- 乙酰半胱氨酸还可能有助于降低人们对食物的渴望。在一项研究中，研究人员针对 N- 乙酰半胱氨酸及其效果，对 27 名病态赌徒进行了双盲安慰剂对照临床试验。在为期 8 周的试验后，相较之下，83% 服用 N- 乙酰半胱氨酸的被试与 29% 服用安慰剂的被试反馈，他们的成瘾行为有所减少，至少降低了 30%。[17]
- α- 硫辛酸：α- 硫辛酸在人体内自然形成，可以在各种情况下保护细胞免受损伤。有充分的证据表明，α- 硫辛酸有助于稳定血糖水平。另有研究表明，α- 硫辛酸可以增强胰岛素的敏感性，可能对 2 型糖尿病会有疗效。[18]

- 铬：吡啶甲酸铬是一种有助于调节人体内胰岛素水平的营养补充剂，可以提高对葡萄糖和脂肪的代谢水平。抑郁、胰岛素敏感性降低和糖尿病之间存在紧密的关联。补充吡啶甲酸铬可以有效调节人对碳水化合物的渴望并降低食欲，这对控制糖尿病和抑郁都有帮助。

HALT 是由成瘾复发前 4 个环节的首字母组成的一个缩略词，这 4 个环节分别是饥饿（hungry）、生气（angry）、孤独（lonely）、疲劳（tired）。成瘾康复者要避免这 4 个环节，首先，不要让自己过于饥饿，因为低血糖会导致前额叶的血流量较低，让人做出更多糟糕的决定；其次，不要让自己生气，因为愤怒会弱化前额叶的功能；再次，不要让自己陷入孤独，因为与他人失去联系也会让人做出更多错误的决定；最后，不要让自己变得疲劳，因为缺乏睡眠会导致前额叶功能下降。所有这些环节都会削弱你的决策能力以及控制渴望的能力。

聪明地分泌多巴胺

第七步：为了保持大脑愉快中枢的健康，应滴注多巴胺，而不是开闸倾泻多巴胺。

多巴胺是一种让人感觉良好、为成瘾之龙所渴望的化学物质。每当人们做了一些令人开心的事情，就仿佛按下了大脑中的一个按钮，然后多巴胺就会释放一些，人们就会感到快乐。但如果人们过于频繁、用力地按下这个按钮，那多巴胺的作用就会降低，愉快中枢也会严重受损。最终，人们需要越来越多能令人兴奋的东西和刺激，才能对事物产生相应的感觉。酒精和尼古丁都会让多巴胺激增，让人们异常渴望这些物质，甚至超过生存所需的食物和水。

酒精并不是唯一可以“劫持”大脑的物质。电子游戏、赌博，甚至某些食物，也会“劫持”你的大脑。在《饕餮的终结》（*The End of Overeating*）一书中，美国食品药品监督管理局（Food and Drug Administration，FDA）前专员大卫·凯斯勒（David Kessler）博士写道，很多让人垂涎不已的零食中，都有高脂、高糖的组合，它们会像酒精一样照亮大脑中的多巴胺通路。他认为，有人会对巧克力饼干上瘾，就像有人会对酒精上瘾一样。凯斯勒及其研究团队在动物身上也发现了佐证这一理论的证据。在一项研究中，他们发现老鼠会为了一杯高脂、高糖的奶昔而拼命努力，如果在奶昔中加入更多的糖，那老鼠就会吃掉更多的奶昔。[19]

帕金森病教给我们很多关于多巴胺的知识。由于脑内产生多巴胺的黑质细胞开始坏死，帕金森病患者无法控制肌肉运动，可能出现肢体颤抖、僵硬，行走困难，无法保持身体平衡等症状。较低的多巴胺水平还会使人抑郁、缺乏动力、精力不足、注意力不集中。我认识的一位为人正直、富有爱心的大学教授，就出现了类似帕金森病的症状。当几十年后我接诊他时，我推荐他去看《菲尔博士脱口秀》（*Dr. phil*）和《杰瑞·施普林格脱口秀》（*Jerry Springer*），他自己非常喜欢，但这种治疗方案可把他的家人吓坏了。其实，以制造冲突为卖点的电视节目可能会提升他的多巴胺水平，让他感到更有活力。

第七步的原理很简单。当我们吃一碗新鲜浆果或握住另一半的手时，大脑会释放少量的多巴胺，让我们感觉良好。我把这一过程称作“滴注多巴胺”。这种方式不会耗尽大脑储藏的多巴胺。而当我们喝酒或吃焦糖软心布朗尼蛋糕时，大脑会分泌大量多巴胺，带来绝佳的感觉。但是这种开闸般释放多巴胺的方式，不仅会耗尽大脑中的多巴胺储量，还会使酒精和焦糖软心布朗尼蛋糕在我们心中变得更加重要和突出。很快。吃一盘浆果或握住另一半的手已无法带给我们太多乐趣，我们会转而渴望从酒精或焦糖软心布朗尼蛋糕中获得愉悦。图 6-7 展现了成瘾的循环过程。

愉快中枢的保护与多巴胺的分泌方式密切相关。滴注多巴胺，即持续、少量地分泌多巴胺有助于愉快中枢的健康；而倾泻多巴胺，即一次性释放大量多巴胺，则会使愉快中枢受损严重。你可以采取下列简单的行动保护你的愉快中枢，保持它的健康。

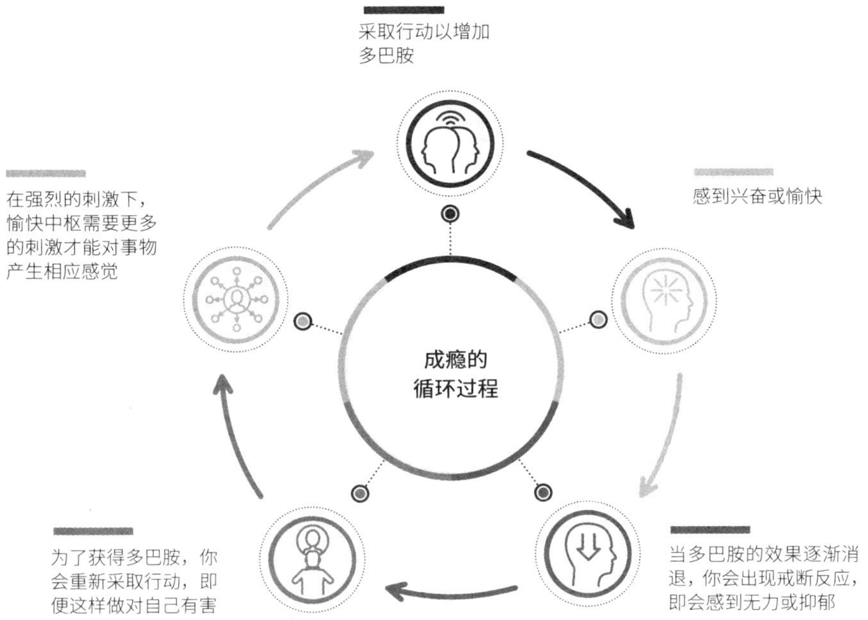

图 6-7　成瘾的循环过程图

- 减少参与低价值的多巴胺生成活动，如摄入咖啡因、尼古丁，过度观看电视、玩电子游戏，做出不遵守规则的数字化行为，以及看恐怖电影。
- 减少参与倾泻多巴胺的活动，包括跳伞，参加摩托车比赛、直升机滑雪，与公牛赛跑，酗酒，吃糖。
- 积极参与高价值的多巴胺生成活动，比如，通过晒太阳补充维生素 D、健身、冥想、瑜伽、接受按摩治疗、听愉快的音乐、拥抱和牵手、进行定期的体育锻炼。特别是可以参与自己喜欢又不会危及大脑的活动，比如，舞蹈、游泳、打网球。
- 抽出时间获得欢笑。幽默可以增强愉快中枢，而不会让它受损。
- 把有意义的活动和快乐结合起来，比如，你可以在自己喜欢的活动中担任志愿者。举例来说，我喜欢打乒乓球，特别享受在乒乓球比赛中为选手计分的过程。
- 用感恩开启每一天。每天一醒来，你可以想 3 件让自己感恩的事情，这会给你的愉快中枢滴注一小滴多巴胺；再想一个你感恩的人，这会给你的愉快中枢滴注又一小滴多巴胺。同时，你可以联系你所感激的人，表达你的感激之情，你正在建造一座感恩之桥。如果你所感激的人做出回应，那么也许会给你的愉快中枢滴注又一滴个头更大的多巴胺。

- 从生活小事中寻找快乐，比如，和朋友散步，和伴侣手牵手，吃一顿大餐。
- 吃含有促进多巴胺分泌成分的食物，如鸡肉、海鲜、杏仁、南瓜、芝麻、姜黄、牛至、含叶酸和镁的蔬菜、橄榄油和绿茶，但注意不要喝太多含咖啡因的茶。
- 考虑服用促进多巴胺分泌的补充剂，如 ω-3 脂肪酸、活性甲硫氨酸、L- 酪氨酸、镁、假马齿苋和绿茶提取物。

表 6-1 是滴注多巴胺和倾泻多巴胺这两种获得多巴胺的方式对比。

表 6-1　获得多巴胺的两种方式对比

有利于滴注多巴胺的积极事物	会导致倾泻多巴胺的负面事物
做有意义和有目标的事	从飞机上跳伞
开展一段持久的爱情	反复陷入爱情
遵守数字化规范	做直升机滑雪等高风险运动
维持和谐的人际关系	面临婚姻琐事
学到新事物	过度玩电子游戏
旅行	沉迷于低俗小说
有美好的精神体验	酒精
轻拍小狗或小猫	香烟
通过努力做到最好并赢得胜利	通过伤害他人获得胜利
能够从失败经历中获得动力重复练习	闲谈八卦

第八步：应对让你变得脆弱的恶龙推手和恶龙使者。

培养习惯是一项团体活动，无论习惯是好是坏。你和谁待在一起，就会和那个人变得相像。恶龙推手和恶龙使者会鼓动你做消极的事情，或让你成为他们的帮凶。要让人有成瘾行为并陷入成瘾状态，就需要很多帮凶。而你的朋友、导师或教练，会支持你做积极的事，所以，当你面临成瘾问题时，你可以向他们寻求帮助。“丹尼尔计划”（The Daniel Plan）是我与里克·沃伦（Rick Warren）牧师和马克·海曼博士共同创建的一个项目，旨在通过数千个宗教组织帮助人们获得健康。我们发现，结交朋友可以让人们获得健康的概率提升 40%，特别在减肥和健身等方面尤为有效。

找出 5 个对你最有影响力的朋友，他们会支持你做积极的事；同时找出 5 个恶龙推手和恶龙使者，他们可能会让你更加无法戒瘾。多和能够帮助你的人待在一起。你也可以考虑与恶龙推手和恶龙使者交谈一番，如果他们不想或不愿意帮助你，那就尽量不要和他们待在一起。

如果你想改变自己的行为，那就不要再同恶龙推手和恶龙使者见面，或者你能以某种方式把他们变成朋友。部分恶龙推手和恶龙使者可以转变为朋友，只要你能认真地和他们谈一谈，告诉他们应该如何开始帮助你，不要再做哪些事，以及可以继续做什么事。有些人甚至没有意识到，他们正在影响你做出糟糕的选择。一旦他们知道你想要戒瘾的目标，他们就会想要来帮助你。

请思考以下这些人是朋友还是恶龙推手和恶龙使者：配偶、孩子、父母、祖父母、兄弟姐妹、阿姨、叔叔、表兄弟姐妹、邻居、老板、同事、老师、同学。

里兹给自己制定了新的饮食方案，他执行得很好，没有碰到任何问题，直到他同朋友和家人一起去参加晚宴。在宴会上，亲人会塞给他各种他之前喜欢的食物和酒精饮料，但这些食物和饮料与他现在有益于大脑健康的新生活方式并不契合。然而，里兹的朋友和家人会向他施压，哄他去吃一口或喝一杯他早已放弃的食物。“你到底怎么了？”他们会问，“你又不胖，你为什么不吃烤肉串？为什么不吃米饭？你不是一直喜欢烤肉串和米饭嘛。”他们让里兹觉得，如果他不做出让步，不吃递来的下一份食物，那么他就是失礼的。

我非常了解那种感觉。当我第一次当祖父的时候，我迫不及待地想去看我的外孙伊莱亚斯。当我去女儿家时，我的一个朋友正好也来探望。她问我要不要吃点东西，我说我不饿。几分钟后，她又问我要不要吃点东西，我又拒绝了她。我以为有关要不要吃东西的讨论到此就结束了，但她后面又问了我 5 次要不要吃点东西！

你将面对多种多样的恶龙推手，他们会试图破坏你为健康付出的努力。不要因为他人而让自己变胖、变傻、变得不快乐！

恶龙推手可以是人，也可以是组织，他们威胁要毁掉你为获得健康而付出的努力。以下是对付恶龙推手的一些技巧。

技巧 1：如果你要和朋友或家人共进晚餐，那你可以提前打电话告诉晚宴的主人，你正在进行一项有益于大脑健康的特殊饮食计划，因此不能喝酒，也不能吃某些食物。如此一两次后，你的朋友就会开始问你，他们可以为你提供哪些有益于大脑健康的食物。

技巧 2：去参加聚会时，你可以考虑提前吃点东西，这样你就不会感到饥饿，也不会被酒精诱惑。

技巧 3：对恶龙推手开诚布公地解释。你可以向他们解释，自己正在努力保持均衡的饮食，或正在戒酒；并向他们坦承，如果他们向你提供蛋糕、薯条、比萨、酒，那你会感到非常为难。

技巧 4：与其和朋友出去吃午餐或喝一杯，不如选择一些没有食物和酒精的活动，比如散步。

技巧 5：如果有人要你再来一份食物或饮料，你可以告诉他们你已经吃饱了。如果他们坚持给你，那就向他们解释你正在注意自己的健康。如果他们继续逼你，那就温柔地询问他们为什么不想让你变得健康。

技巧 6：避免和桌上放着一盒糖果的同事一起去拜访客户。

技巧 7：细嚼慢咽。当主人问在座客人是否要再来一份时，你可以说你还没吃完第一份，不需要再来一份。当你吃完的时候，第二轮进食可能已经结束了，你就不必被迫再吃了。

技巧 8：下定决心控制好自己的身体，不要让别人偷走你的思想。

技巧 9：在餐厅就座时告诉餐厅服务员“无须提供面包，也不要提供酒水”。

技巧 10：提前告诉父母和亲戚你不会在家庭聚会上吃的某些食物或喝的某些饮料。

技巧 11：自带午餐，而不是在外面吃饭，尤其不要去自助餐厅吃饭。

技巧 12：如果你有酗酒的问题，那就不要去酒吧见朋友。

技巧 13：如果你正在戒除成瘾，而你的熟人正好有和你一样的成瘾问题，那就暂时不要见这个熟人。

技巧 14：如果你有赌博的问题，那就避免去任何的博彩地点。

技巧 15：如果你想要控制自己玩游戏的时间，那就不要和其他玩家聊天或发信息。

驯服恶龙，杀死蚂蚁

第九步：驯服过去之龙并杀死蚂蚁。

为了摆脱成瘾之龙，你必须驯服过去之龙并杀死蚂蚁。52 岁的科琳娜从年轻时就开始吸烟。她来见我时，已有近 30 年的烟龄了，她皮肤上的皱纹和呼吸方面的问题就是证明。她的亲人迫切希望她能够戒烟。科琳娜自己也想要戒烟，但是她不相信自己能够做到。“我停不下来。”她在第一次治疗中这样告诉我。

科琳娜的母亲也是烟民，但母亲抛弃了科琳娜，把她留给了一个姑姑抚养。此后，科琳娜就开始吸烟，她非常焦虑，担心姑姑也会抛弃自己，于是，她靠吸烟来自我安慰。在科琳娜的一生中，焦虑之龙一直困扰着她。为了戒烟，科琳娜必须驯服她的焦虑之龙，杀死让她对香烟上瘾的蚂蚁。我和她一起解决了她的焦虑问题，并运用第 3 章讲到的 5 个问题，帮助她杀死了让她觉得“我无法戒烟”的蚂蚁。

灭蚁练习

蚂蚁：我无法戒烟。

蚂蚁种类：标签之蚁。

5 个问题：

1. 这个想法是真的吗？——是的。
2. 这是 100% 确定的事实吗？——刚开始，她做出肯定的回答，因为她觉得自己确实做不到。但后来，她想了想说：“当然，我不能确定，尤其是如果我得到了正确的帮助。”
3. 当你相信这个想法时，你是什么感觉？——“我感到无能为力、伤心难过，又觉得意志薄弱、非常愚蠢、无法自控，仿佛我会对孩子也产生不好的影响。”
4. 如果没有这个想法，那么你会有什么感觉？——“我会更加乐观，满怀希望，更有可能全力以赴。”
5. 从截然相反的角度审视这个想法：相反的想法是什么？这个想法比原来的想法更加真实吗？“我能够戒烟。”她思索片刻，坦言如果能得到帮助，并且自己尽力尝试，或许就真能戒烟。然后，她获得了一种控制感，开始全心全意地投入戒烟计划。

科琳娜最终成功戒烟，坦言戒烟之后获得了前所未有的美好感觉。控制蚂蚁和过去之龙是戒烟过程中的关键步骤。

第十步：向那些驯服成瘾之龙的人寻求帮助。

成功是有章可循的。戒瘾导师和互助团体通常是戒瘾过程中的关键。你在互助小组中遇到的人都走过你曾走过的路，他们可能提供对你有帮助的策略。和与你有过同样经历的人交流，可以让你不再感到那么孤独，也让你有表达自己想法的出口。你通常只要把自己的想法大声说出来，再结合别人的建议，就能消灭很多蚂蚁。研究表明，互助团体能够减缓焦虑和抑郁，不仅能够帮助你保持动力，坚持新的生活方式，还会带给你希望。参加互助团体这种方式也非常便宜，甚至往往是免费的。

明智地选择你的帮手。与恶龙朝夕相处的时间越长，你会越来越像它。所以，你应该和那些过着你所向往生活的人在一起，而不是和那些会增大你成瘾复发风险的人在一起。以下是一些选择导师或互助团体的建议。

建议 1：选择与你有相同的恶龙，并将恶龙驯服的人，尤其是那些已经控制恶龙很长时间的人。

建议 2：选择出于善意告诉你真相，但并不居高临下或尖酸刻薄的人。用糖衣粉饰真相无济于事，你也知道我对糖的看法。

建议 3：不要害怕比你年轻的人。

建议 4：选择会挑战你的人。

建议 5：选择价值观相似的人。

建议 6：选择愿意花时间、全心倾听的人。

建议 7：选择你不害怕打电话或发短信的人。

建议 8：一旦你选择了某人，就要虚心倾听并认真评估他们的建议。千万不要一味接受，不假思索，听之信之。邪教就是这样乘虚而入的。

建议 9：通过共同的朋友或其他组织，以线下面谈的方式或在互助小组中结识导师。善待你遇到的每一个人，因为你永远不知道导师会在什么时候出现。

建议 10：关心你所尊敬的人。大多数寻求导师帮助的人，其实只关心自己。但秉持以自我为中心的相处模式，会让导师对你退避三舍。当你开始关心自己尊敬的人，你就已经踏上了寻找好导师的道路。然后，想想你要如何为导师的生活增加价值。如此一来，你就不必央求导师指导，他们会自愿为你提供建议。

打造自己的大脑健康互助人际网络

牢固的人际关系与健康、幸福和成功息息相关。本练习将帮助你建立并维护自己的人际网络。

写下 10 段可能对你的健康有帮助的关系

1.____________________

2.____________________

3.____________________

4.____________________

5.____________________

6.____________________

7.____________________

8.____________________

9.____________________

10.____

写下对你的健康最有帮助的 5 个人和他们提供的帮助

1.____

2.____

3.____

4.____

5.____

深入了解大脑健康互助人际网络

哪些人，具有哪些智慧

1.____

2.____

3.____

4.____

5.____

你可以在哪些方面帮助哪些人

1.____

2.____

3.____

4.____

5.____

哪些人，在哪些方面可以帮助你

1.________________________________

2.________________________________

3.________________________________

4.________________________________

5.________________________________

谁还可以参与你的大脑健康互助人际网络

哪些人，具备哪些智慧；你如何帮助他们，他们如何帮助你

1.________________________________

2.________________________________

3.________________________________

4.________________________________

5.________________________________

驯龙 TIPS

Your Brain is Always Listening

获得健康的最快途径，就是从你所能接受的生活方式中，找一个生活习惯很健康的人，并且尽可能长时间与这个人待在一起。

第十一步：列出被你的成瘾之龙伤害过的人，并尽可能做出补偿。

这个步骤将匿名戒酒会的戒酒步骤组合起来，是改善人际关系、更好认识自己必不可少的一环。让我们用一个更加平衡的大脑来完成这个步骤。没有人可以生活在真空之中。向他人承认错误并请求原谅，尽可能做出补偿，有助于让你摆脱羞耻之龙，不再做出伤害他人的行为。

我曾经接到《菲尔博士脱口秀》制片人打来的电话，问我是否愿意为一个婚姻主题的节目帮点忙。乔斯是一个强迫型婚姻出轨者，他们想让我对乔斯做 SPECT 脑部扫描并进行评估。[20] 乔斯和他的妻子安杰拉一直在与他的不忠、谎言做斗争。短短 4 年时间，乔斯出轨了 8 次。在节目中，菲尔博士对这 8 个案例进行分析："我父亲常说，每当你看到一只老鼠，那就意味着还有 50 只你没见到的老鼠。"

结婚不到 3 个月，安杰拉就发现乔斯出轨了。事实上，他一直与另一个女人在一起，无论是他向安杰拉求婚时，还是在他们筹备婚礼期间，甚至在安杰拉生下女儿之后。

"我整个人都崩溃了，非常生气，"安杰拉说，"在我和乔斯复合后，我还发现他出轨过非常多的女生。"

乔斯说："我一直是那种会主动搭讪别人的人。我从家里搬出去大约 5 周，直到我们决定和好。"

乔斯承认，他在婚前从来没有对自己的行为感到愧疚。毕竟，他的父亲也曾背叛他的母亲。"我需要一些刺激。"他说，无论这些刺激是外遇还是跑车。乔斯是一个肾上腺素成瘾者，他喜欢追求速度，寻找刺激。在收到 4 张超速罚单后，他被吊销了驾照。尽管他说过去一年时间里他始终忠于安杰拉，但他仍然精神出轨了很多次。

菲尔博士在节目中问乔斯："你为什么不离婚，去做你想做的事呢？"乔斯回答，他想要一个妻子和一个家庭。父亲的行为给他的家庭产生了负面影响。乔斯不想和父亲一样，他想给自己的女儿带去积极的影响。乔斯需要帮助，他不想再伤害他所爱的人。参加这个节目是他弥补过错的方式，也是向妻子证明他是真的想改变自己的行为方式。

乔斯的脑部 SPECT 扫描结果显示，他的大脑有 3 处明显的异常（见图 6-8）。

一是前扣带回的活动增加。作为大脑的换挡器，前扣带回活动的增加通常与强迫行为有关。除了出轨，乔斯还会不断文身。他的文身从头到脚遮住了身体，这让他失去了很多他希望得到的工作机会。二是他的驯龙者，即前额叶活动减少。三是他有颅脑损伤。乔斯的脑部 SPECT 扫描结果清楚地展示了他有脑外伤，他的大脑前部和后部都有损伤。

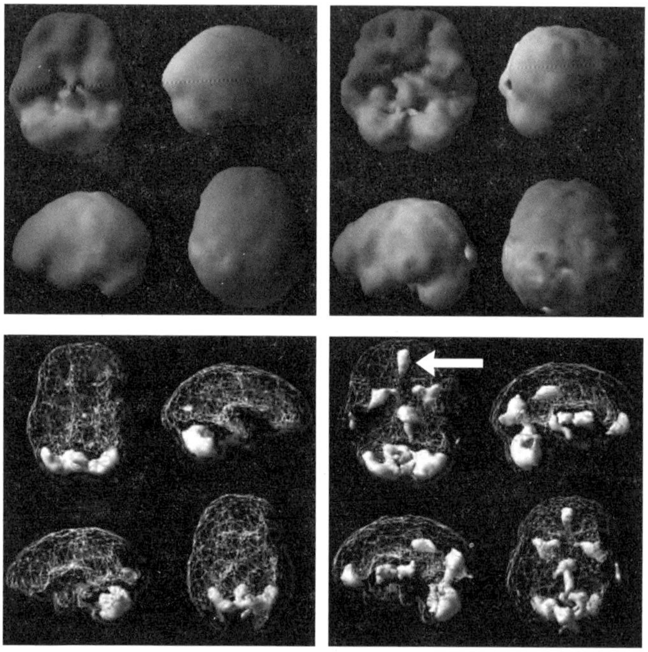

图 6-8　健康大脑与乔斯大脑的 SPECT 影像对比

注：右上图显示，乔斯大脑前部的前额叶活动和大脑后部的活动减少，这与先前的颅脑损伤相符合。右下图箭头显示乔斯大脑前部的前扣带回活动增加，这与注意力转移困难相符合。

一开始，我问乔斯脑部是否受过伤，他说没有，但是对此我比他更清楚，我扫描过成千上万脑损伤患者的头部，所以我坚持自己的判断。他还是说没有受过伤。我从很多患者那里听到过同样的回答，所以我们总是在亚蒙诊所拿这件事开玩笑。我们在他们的脑部扫描中看到了明显的脑损伤，但他们从未想过头部可能是怎样被撞伤的。

“你参加过对抗性很强的运动吗？”我问。

“参加过。”他说，“我在高中时玩过橄榄球。”然后，他告诉我他有过多少次脑震荡。接下来，他又分享了自己作为牛仔和综合格斗家的经历。他的头部受到过多次重击。然后，他平静地说：“我还是一名摇滚歌手。”

“你说什么？”我问道。

乔斯尴尬地笑着说：“我过去经常用头打碎东西，这像是一种耍帅的把戏。我可以用我的脑门打碎啤酒瓶。”接着他又说：“我喝醉的时候，还经常用头撞门和墙，甚至把门撞出凹痕。我也常常可以用我的头找墙上的钉子。”

安杰拉很生气。她想让乔斯做些改变，她认为他可以用意志力改变自己。安杰拉说：“我已经受够了，除非我能看到他洗心革面。”

在节目中，乔斯说他很高兴看到这样的扫描结果。但菲尔博士严肃地说：“我第一次听到有人对自己的脑损伤感到兴奋，这太奇怪了。你是认为这样可以让你脱身吧，就好比你可以说‘嘿，这不是我的错，是我的大脑有问题’。”

乔斯接着说了句意味深长的话：“我不认为脑损伤是一个借口，但我希望这可能是帮助我改变行为的关键。”

节目结束后，乔斯和安杰拉协商之后来找我寻求帮助。这是乔斯向安杰拉表示他想赎罪的另一种方式。他非常痛苦，也愿意听从我的建议。我给他开了下面的处方：

处方 1：不要喝酒。酒精破坏了乔斯前额叶的功能，弱化了大脑的制动能力，让他难以抑制自己的冲动。

处方 2：获得充足的睡眠以保持大脑功能的健康。晚上睡眠时间不足 6 小时会导致流向大脑的血流量减少，从而让人做出更多错误的决定。

处方 3：改变饮食习惯。只吃有益于大脑功能的健康食物。每天多吃几餐，以保持血糖的稳定。

处方 4：戒掉日常饮食中的咖啡和能量饮料。咖啡中的咖啡因会抑制血液流向大脑，而任何会减少或限制大脑血流量的行为，都会让人做出更多错误的决定。

处方 5：吃一些有益于大脑的补充剂。乔斯是一个有强迫性冲动的成瘾者。我给他开了红景天、绿茶，用来抑制他的冲动；我也给他开了 5- 羟基色氨酸和藏红花，来抑制他的强迫症。我还开了很多维生素、矿物质补充剂和 ω-3 脂肪酸等营养物质，来帮助他恢复大脑的整体健康。

在接下来的 7 个月时间里，我定期与乔斯和安杰拉见面，监督他们的进展。在治疗会议上，我们讨论了关于营养、补充剂，以及控制冲动的策略。乔斯越来越能抑制冲动了。接着，我让乔斯在大脑里想"然后呢"。这 3 个字可以让他思考行为的后果，以增强前额叶的功能。当乔斯听到克莱·沃克（Clay Walker）的歌《然后呢？》（*Then What?*）时，他意识到如果他不问自己"然后呢"，也不做出不同于过往的更好选择，那他将"失去所有人的信任"。[21]

乔斯和安杰拉进展顺利，他们开始讨论再生一个孩子。他们前往夏威夷度假，在那里畅想他们的未来。在夏威夷，乔斯看到人们从近 20 米高的悬崖跳入水中。他的第一反应是：我也想尝试一把。寻求刺激一直以来都是他生活的一部分，有人会说他天生就带着寻求刺激的基因。当乔斯爬上山坡时，安杰拉翻了个白眼，又在心里想："他真是个爱显摆自己的人。"他们在一起的这段时间，她见过他做了那么多蠢事。这样的蠢事会有尽头吗？

当乔斯来到悬崖顶部并往下看时，他的脑海中突然闪过什么。他开始感到不舒服，甚至有些焦虑。尽管他看到其他人顺利跳下悬崖，但他却看不清那些突出水面的岩石，跳下去时可得避开这些岩石。他想，"然后呢？如果我跳错了地方怎么办？

如果我受伤了怎么办？如果我瘫痪了怎么办？我有妻子和孩子，我们还想再要一个孩子。瘫痪对我的家庭毫无益处。我真的要这么做吗？”

他开始跳出自己以前固有的思维模式，思考下一步动作。做这种程度的思考，即停下来去想冒险行动的后果，对乔斯来说是全新的体验。过了一分钟左右，他决定不跳了。带着一种自由感，他开始走下山坡。安杰拉惊呆了，她从未见过乔斯这样，也许她和乔斯还有希望。

夏威夷之旅结束后不久，他们告诉我这个故事，我觉得是时候检查乔斯的大脑了。我们对乔斯的大脑进行了 SPECT 扫描，结果显示，与 7 个月前相比，他的大脑情况已有显著改善（见图 6-9）。随着大脑健康状况的不断好转，他开始更多地考虑自己的行为会对安杰拉造成怎样的影响，这是他弥补过失的一个重要方面。

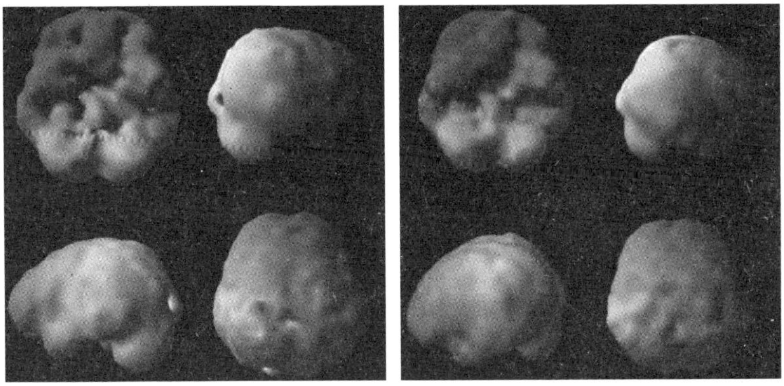

图 6-9　乔斯的前后两次 SPECT 影像对比

通过治疗计划，乔斯的大脑健康状况确实得到了改善，这非常有助于延长他的生命，挽救他的婚姻。乔斯本来就想向妻子道歉，用他的余生来弥补过错。但是如果我们不先修复他的大脑，他就无法坚持下去。现在乔斯已经戒酒 10 年，最近他学完了护士麻醉师课程，我为他感到骄傲。

第十二步：把如何保持大脑健康的信息传递给其他人，并且继续实践这 12 步。

最后的步骤类似于匿名戒酒会和其他匿名互助会的第十二步。如果你想保持头脑清醒，你就需要与他人分享这些原则。这非常有利于大脑健康。因为你的大脑在关注你的所作所为的同时，也会关注别人的行动。另外，你要确保和你所爱之人分享的是关于大脑健康的知识，而不是有关大脑疾病的信息。

先获得，再给予，这样你才能永远留住它。这句咒语，是我在和朋友里克·沃伦牧师、马克·海曼博士一起创建“丹尼尔计划”后学到的。如果你想保持健康，你就必须学会如何保持健康，然后把方法传递给他人。正是在这种传递的过程中，你创建了自己的互助小组，让你更有可能坚持下去保持健康。

很多人问我，如果他们的孩子、家人或同事不能接受一种新的饮食方式或行为方式，他们能做些什么。我总是这样回答：“你必须说到做到。”你不能向他人传达一些你根本做不到的事情。不要让别人成为你伤害自己的借口，也不要听信成瘾之龙的话而不再推进你的计划。

如果这 12 步还不能让你摆脱成瘾之龙的困扰，那请你去做一个专业的评估检查，让别人检查一下你的大脑。

Your Brain is
Always Listening
驯龙小讲堂

打破成瘾链条的 12 个新步骤

第一步：知道自己想要什么。

第二步：知道成瘾之龙何时会将你挟为人质。

第三步：下定决心关爱、修复你的大脑。

第四步：宽恕自己和他人。

第五步：了解你身上成瘾之龙的大脑类型。

第六步：封锁欲念之龙。

第七步：为了保持大脑愉快中枢的健康，应滴注多巴胺，而不是开闸倾泻多巴胺。

第八步：应对让你变得脆弱的恶龙推手和恶龙使者。

第九步：驯服过去之龙并杀死蚂蚁。

第十步：向那些驯服成瘾之龙的人寻求帮助。

第十一步：列出被你的成瘾之龙伤害过的人，并尽可能做出补偿。

第十二步：把如何保持大脑健康的信息传递给其他人，并且继续实践这12步。

Your Brain is Always Listening

第 7 章

锻炼大脑中的驯龙高手

大脑是狡猾的器官，它使每个人都会有奇怪、疯狂、愚蠢、暴力的想法，而这些想法不能为外人所知。纸巾一直是超市热销的商品之一，你逛超市时有没有看到有人抱着一大堆纸巾在超市里走，你心里会不会想如果把他绊倒，看到纸巾飞得到处都是，是一种什么感觉。难道我是唯一会有这种想法的人吗？当然，我从来没有真的绊倒过别人。我的驯龙者位于大脑前额叶的前三分之一处，它会保护我免受不知从哪里冒出来的冲动的影响。因此，你必须强化驯龙者的能力并保护好它，以防今后遇到的恶龙和蚂蚁偷走你的幸福，让你染上恶习，把你的人际关系搞得一团糟。

驯龙者，即前额叶，领导着生理、心理、社会和精神等 4 个圈层。如果你的驯龙者软弱不堪，那么你的恶龙就会失去控制，摧毁一个或多个幸福圈。如果你的驯龙者过度控制，那你更有可能痴迷恶龙，监控它们的一举一动，让它们变得更加糟糕。而当你的驯龙者强壮、健康时，你身上的恶龙会彼此友好相处，并帮助你实现目标。比如，父亲去世时，我非常难过，加上周边环境带来的额外压力，让我非常脆弱，恶龙本可以抓住我脆弱的时刻，向我的大脑喷火。但是，我通过践行本书中的策略，比如，保证充足的睡眠、吃对大脑有益的食物、不喝酒等，让驯龙者保持健康，让那些恶龙乖乖地待着。身强体健的驯龙者帮助我以健康的方式度过悲伤的时期，而不是以自损的方式陷在痛苦中。

在本章中，我们将探索驯龙者的功能，看看如何让驯龙者保持强大的体魄，以及如何应对软弱无力或过度控制的驯龙者。我们还将研究多动之龙，当驯龙者外出度假时，多动之龙可能就会失控暴走。

前额叶就像大脑的刹车，会阻止人说蠢话或做蠢事。英国喜剧演员达德利·摩尔（Dudley Moore）曾经说过："最好的汽车安全装置，就是能看到警察的后视镜。"驯龙者就像是大脑中的警察，警察需要通过不断训练来保持敏锐，驯龙者同样也需要定期训练以保持高水准的发挥，避免产生会破坏人际关系的失误。

作为大脑中最人性化、最具思考能力的部分，前额叶在人类大脑中的比重达到30%，高于它在其他任何动物大脑中的占比。作为与人类最亲近的灵长类动物表亲，黑猩猩的前额叶在其大脑中的占比为11%；狗为7%；猫为3%，这可能也是猫需要9条命的原因；老鼠为1%，这也解释了猫为什么能吃掉老鼠。[1]

前额叶的主要功能（我也称其为驯龙者的职责）为监督、避免说蠢话或做蠢事、设定目标、行为以目标为导向、突破障碍、持之以恒、做好规划、专心致志、提前规划、做出判断、控制冲动、安排组织、表达同情、洞察领悟、从错误中学到东西、拒绝与目标不一致的行为、承担责任，言出必行。

前额叶是大脑最后发育的部分。一般来说，在25～30岁，人的前额叶才会发育成熟。这就是为什么年轻人在25岁之后会开始做出更正确的决定，汽车保险费率也因此往往会在25岁之后下降。明白了这一点，你就更能理解儿童、青少年和年轻人为什么执行能力较低了，有81%的青少年表示，他们没有实现为自己定下的重要目标。年长的成年人要是能够理解年少的人这种成长的过程，就会对他们更有同理心，给予他们更多的支持和监督。这也是为什么直到孩子完全成熟前，父母应该成为孩子的驯龙者。即便处于压力重重、充满变数的时期，只要你的驯龙者身强体壮，那它就可以逐渐让你的大脑跟上行动，帮助你实现自己的目标。然而，当你的驯龙者软弱无力时，你更容易在高压环境下受到伤害，就像孩子无人照看的时候，你永远不知道会发生什么可怕的事情。

驯龙 TIPS

Your Brain is Always Listening

父母要成为孩子的驯龙者，直到孩子真正长大成人。

前额叶被称为执行大脑，仿佛工作中的老板，监管着员工和为了达到业绩所需完成的任务。前额叶还会向大脑其他部分发送信号，让它们平静下来，比如，被过去之龙和蚂蚁所攻击的区域。身强体健的驯龙者，就好比一个管弦乐队的指挥，可以让乐手们一起演奏，创造出美妙的音乐。

驯龙者还扮演着大脑中坚守良知的角色，用与道德观和信仰相符的方式，让大脑逐渐跟上行动，最终实现个人的目标。我认为前额叶就像电影《木偶奇遇记》(*Pinocchio*)中的蟋蟀吉米尼。谁是蟋蟀杰米尼？它代表匹诺曹的良心。它在电影中做了什么？它帮助匹诺曹实现了成为一个真正男孩的目标。当蟋蟀吉米尼死于匹诺曹之手时，他几乎要为自己的错误决定付出生命的代价。

除了睡觉的时候，驯龙者一直在看管着你，让你不被冲动和脑海中的最初念头所影响。睡眠会让驯龙者下线，这就是为什么你的梦经常如脱缰野马，不受约束。

驯龙者虚弱时会出现的问题

当驯龙者下班、休假、受伤或生病时，你和身边人的日子都会过得很煎熬：情绪大脑和过去之龙有可能会折磨你，影响你的精神圈；蚂蚁也有可能来攻击你，影响你的心理圈；你做出的决定可能会给你带来大麻烦，影响4个圈层中的任何一个。前额叶活动过低与以下因素有关：缺乏内部监督、言行愚蠢、缺乏目标、行为古怪、无法跨越障碍、缺乏毅力、缺乏规划、注意力分散、缺乏远见力、判断力薄弱、自制力差、杂乱无章、缺乏同理心、缺乏洞察力、难以从错误中学到东西。

然而，当驯龙者下班时，你可能也会获得更多的乐趣。研究表明，前额叶活动低下，会增强人的自觉性，提升人的创造力。不过，要达到这一点，你需要做好平衡工作，即既不能让自己失去自制力，还要从大局出发，做出正确的判断。当前额叶活动较低，也就是驯龙者下班时，人们很有可能出现以下问题：学业受挫、离婚、工作受挫、面临法律问题、收到超速罚单、监禁、遇到财务问题、感到兴奋、遭遇冲突、用消极的方式引人关注、经常迟到，时间管理不当、成瘾复发、过于频繁地说“是”、打断他人的话、缺乏责任心、出现心理健康问题（特别是注意缺陷多动障碍和成瘾）。

由此可知，保护驯龙者对于快乐、健康的生活是至关重要的。

排查什么会伤害驯龙者

什么东西会伤害前额叶这个驯龙者，削弱它驯服恶龙、消灭蚂蚁的能力？生理圈中的很多事物会伤害前额叶，所以我写了非常多关于大脑健康重要性的文章。[2] 前额叶守护着人的健康，所以人们要保护好这部分大脑，尤其要关注以下 8 个关键问题：

1. 任何会减少大脑血流量的东西：血液对生命至关重要，它为身体的每个细胞带来营养，带走废物。新的研究表明，脑细胞不会衰老；相反，会老化的是血管！[3] 而任何损害血管的东西都会损害大脑，让大脑缺乏所需的营养。大脑血流量低极有可能预示着阿尔茨海默病，同时也会带来注意缺陷多动障碍、抑郁症以及精神分裂症。患高血压、任何形式的血管疾病或心脏疾病，缺乏锻炼，摄入咖啡因和尼古丁，都会减少脑部血流量，削弱驯龙者的能力。
2. 衰老：流向前额叶的血流量会随着年龄增长而减少。脑成像清楚地显示，大脑的活跃度通常会随着年龄的增长而下降。这就是为什么人的年龄越大，就越需要认真地照顾大脑。
3. 炎症：炎症一词来自拉丁语，意为“放火”，好比用一场小火灾烧毁你的器官。血液中 ω-3 脂肪酸、二十碳五烯酸（EPA）和二十二碳六烯酸（DHA）含量较低多由炎症和注意缺陷多动障碍引发，表明驯龙者的功能出现了问题。
4. 颅脑损伤：这是导致驯龙者出现问题最常见的原因。我的团队发表的一项研究显示，94% 的头部创伤会影响前额叶。[4] 大脑内部质地很软，如同软化的黄油一般黏稠，但表面的头骨却非常坚硬，有许多尖锐的骨脊。所以，人们应该避免参加任何可能使头部受到撞击的活动，保护大脑免受伤害。父母请注意不要让孩子玩铲球或橄榄球，这两项运动有可能使孩子头部受伤。

5. 毒素：毒素包括霉菌、铅等重金属或其他环境毒素，这些都会伤害驯龙者。酒精则会减少前额叶的血流量、弱化其功能，这就是为什么人在醉酒时，往往会做出非常糟糕的决定。

6. 肥胖：肥胖已被证明会削弱驯龙者的功能，因为肥胖会引发身体炎症。所以，请控制好体重。你可以在第 4 章了解暴饮暴食的恶习之龙。

7. 血糖水平：高血糖和低血糖都会伤害驯龙者。高血糖会引发糖尿病前期和糖尿病，损伤血管并弱化前额叶的功能。同时，空腹或低血糖症引发的低血糖，也会减少流向大脑的血液。由此可见，你的饮食质量决定着驯龙者的健康水平。

8. 睡眠质量：失眠、睡眠呼吸暂停以及安眠药，都可能会让驯龙者下线。根据美国睡眠协会（American Sleep Association）的数据，有 5 000 万～7 000 万美国人存在与睡眠相关的问题。[5] 人的大脑会在人睡觉时进行“自我清洗”。如果睡眠被打乱，大脑中就会堆满“垃圾”，从而损害记忆力。晚上睡眠时间不足 7 小时会削弱驯龙者的力量，也容易使人出现体重问题、高血压或发生事故。睡眠不足也可能会影响婚姻，因为它很有可能会使人说一些本不该说出口的话。

Your Brain is Always Listening
驯龙小讲堂

大脑在关注你的血糖水平

血糖过高的表现

混乱	癫痫
疲劳	头疼
口渴	注意力难以集中
饥饿	视力模糊
气短	体重下降
胃痛	

血糖过低的表现

嗜睡、感觉被麻醉了	焦虑、惊恐发作
精神错乱	心悸
无法集中注意力	手抖
出现记忆障碍	非常紧张
头晕、感觉头重脚轻	脸红、出汗
紧张	晕倒
抑郁	头部有压迫感
易怒	额部疼痛
视力模糊	失眠
极度疲倦	腹痛、腹泻

过度控制的驯龙者

当前额叶活动低下时，驯龙者就会外出休息和度假；当前额叶过度活跃［对应的科学术语叫作前额叶活化（hyperfrontality）］时，驯龙者会始终保持警惕，管理时做到事无巨细，也会始终忧心忡忡、过度思虑，当事情进展不如所愿时还会感到心烦意乱。前额叶活化会导致强迫症，使人患上强迫型人格障碍，出现做事僵化、不灵活、过度自控等现象，还会带来某些形式的抑郁。[6] 所有这些心理和社会问题都会让你的人际关系变得非常糟糕。

42 岁的马克是我的患者，他的前额叶过度活跃。作为一家科技初创公司的首席执行官，他在工作上的表现非常出色，投资人非常看好他公司的发展潜力，但是他公司的员工流动率却居高不下。一位顾问向董事会反映，员工士气低落是因为马克在管理团队时事无巨细。一位董事会成员推荐马克来和我聊聊。

一开始，马克表现得非常抗拒，但是他后来向我坦言，他的家人深受酗酒、抑郁症和强迫症的折磨。祖父以记仇出名，能怀揣仇恨几十年。马克的脑部 SPECT

影像显示，其前额叶过于活跃（见图 7-1）。在这种大脑模式下，他变得行事僵化，整日忧心忡忡、怀恨于心，并且对员工进行事无巨细的管理。当他搞明白是大脑让他出现了社交问题，惹怒了体内的一些恶龙后，他决定服用藏红花、5-羟基色氨酸等简单的补充剂，帮助大脑的前额叶平静下来。在接下来的一年时间里，马克公司员工的离职率下降了，董事会对他的表现也更加满意了。

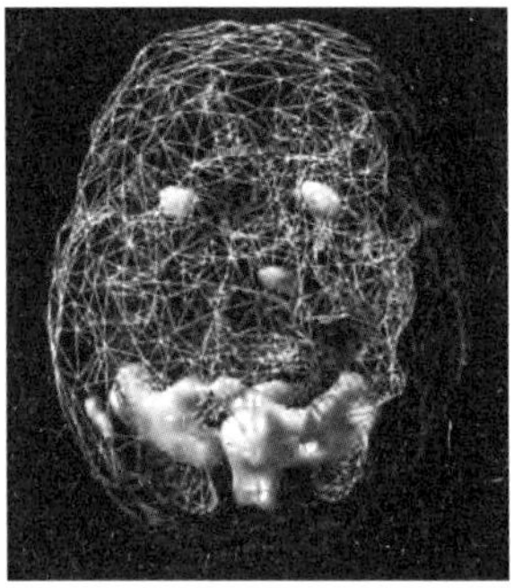

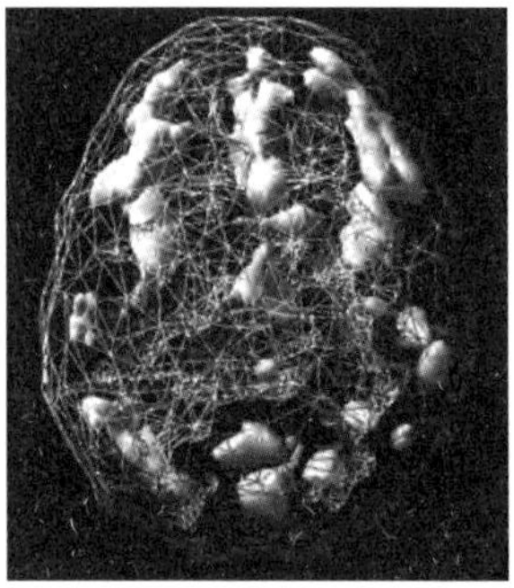

图 7-1 健康大脑和马克大脑的 SPECT 影像对比

注：白色区域为大脑最活跃的部分，通常位于小脑的后部和底部。

控制多动之龙

当驯龙者感到疲惫、虚弱或外出度假时，人们通常会表现出注意缺陷多动障碍的症状。对于未确诊的注意缺陷多动障碍患者而言，他们的生活可能受到严重影响。注意缺陷多动障碍与前额叶活动低下有关，这类病症的患者会出现以下几种标志性症状[7]：

- 对常规、例行的日常事务缺乏专注力。他们很难专注于家庭作业、文书工作和家务等活动上。
- 注意力分散。他们往往看得很多，听得很多，感受得也很多，而这让他们难以专注于自己必须做的事情。
- 没有时间观念，空间杂乱无章。他们经常迟到，家里、房间、桌子和书包统统乱得一团糟。

- 拖延。他们往往在最后一分钟才把事情做完。
- 难以控制冲动。他们通常不假思索就说话或行动。

如果你有这些症状，可以考虑接受诊断并进行治疗。注意缺陷多动障碍与上述驯龙者出现的所有问题都有关联。通过接受治疗，你的生活、工作与人际关系质量都会得到显著提升。

下面是杰茜卡的故事。

生下第三个孩子后，38 岁的杰茜卡就一直非常抑郁。杰茜卡是一名护士，嫁给了一名职业足球运动员。由于丈夫多次转会，他们在 8 年里搬了 13 次家。长期紧绷的神经给她的婚姻和孩子带来了很大的压力。多年来，她一直在接受治疗，但似乎没有多大的效果。

初级保健医生让她服用来士普（Lexapro），这是一种 5- 羟色胺选择性重摄取抑制剂，可以提升脑部神经递质血清素的含量。血清素能让大脑平静下来。如果大脑过度活跃，那这种药物是非常有帮助的；但如果大脑并不活跃，那这种药物就会对大脑造成极大的伤害。来士普让杰茜卡变得每况愈下，她失去了自控力，对丈夫、孩子说出了刻薄伤人的话。

杰茜卡的 SPECT 扫描结果显示，她的大脑整体活动，尤其是前额叶的活动较低，这是注意缺陷多动障碍患者的典型表现之一。而保健医生给她开出的来士普处方，是最为糟糕的干预措施之一。

随着我对杰茜卡了解的不断深入，我得知她一直是个好学生，但老师说她是个话痨，不安分也坐不住。她要花上比朋友多一倍的时间完成作业。她经常迟到，做事毫无条理。作为护士，她工作时需要用大量咖啡因来保持清醒和专注。她的注意缺陷多动障碍很可能遗传自她的母亲，她的母亲冲动、易怒，做事一直没有条理，而且经常迟到。杰茜卡患有典型的注意缺陷多动障碍，而且还没有得到有效治疗，这给她自己、她的丈夫和孩子都带去了压力。

杰茜卡的驯龙者始终虚弱不堪，再加上数次搬家的折腾，让她长期处于压力之下，永远无法放松。

为了治疗她的注意缺陷多动障碍，我给她开出了营养补充剂，包括 ω-3 脂肪酸、锌以及低剂量的兴奋剂。后来，服用了药物和补充剂的杰茜卡变得更专注了，压力也有所减轻，婚姻状况也得到了改善，就连大脑也变得更加健康（见图 7-2）。杰茜卡一开始不想吃药，因为她不想和别人不一样。我告诉她，药物和补充剂不会让她变成另一个人，只会帮助她的大脑正常运转，让她成为真正的自己。强化杰茜卡大脑中的驯龙者，帮到了杰茜卡家中的每一个人。

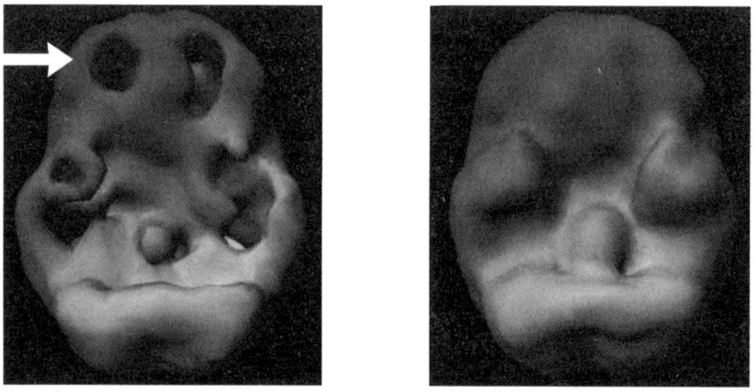

图 7-2　杰茜卡治疗前（左图）和治疗后（右图）的大脑 SPECT 影像

强化驯龙者的第一步是知道自己想要什么，并能够简单、清晰地定义自己的生活目标，这也是最重要的一步。然后，每天问问自己：我的行为能让我得到自己想要的东西吗？如果不自我拷问，你的行为会受诡计之龙摆布，我们已经在第 5 章提过这一点。告诉你的前额叶你想要什么，这样它才能帮助你做出匹配的行为，让你达成自己的目标！大脑会把它所看见的事物变成现实。所以，如果关注消极的事物，那你会感到沮丧；如果聚焦恐惧的东西，那你很有可能会感到焦虑；如果专注于自己的目标，那你就有可能实现它们。太多人被恶龙的突发奇想左右，而不能用自己的大脑规划生活，并实现自己的目标。很多恶龙都热衷于帮你拿主意，替你决定你的人生应该做什么。

为了帮助你知道自己想要什么，我开发了 OPM 练习[8]附在本章结尾。这是一种强大而简单的激励练习，可以为你的想法、言语和行动提供指导。我看到很多人通过这个练习很快使注意力得到集中，生活发生改变。注意，写下的东西一定是你想要的。另外，用积极正向的态度、以第一人称视角去写，同时写下为了实现目标你正在付出的行动。然后，带着信心和期望，不断努力，实现这些目标。每天都把完成的 OPM 练习表拿出来看看，并在自己开口说话或做出行动前，问问自己："这样做可以让我得到我想要的东西吗？"

如果你每天专注于自己的目标，大脑就会接收这样的信息并将其变为现实。给大脑指明方向，这样你就更容易做出与目标相匹配的行为，让自己得到想要的东西。你的生活也会更有目的性，更少受到恶龙的影响，驯龙者也会开始帮助你规划生活。一旦你知道自己想要什么，你就要消灭任何会伤害驯龙者的东西，并用以下策略强化你的驯龙者：

- 通过运动促进血液流动。
- 学习新事物以保持大脑活跃。
- 补充 ω-3 脂肪酸和多种维生素。
- 通过服用补充剂或多晒太阳，来提升维生素 D 水平。
- 保护大脑免受创伤。
- 避免接触毒素，尤其是酒精。
- 努力保持健康的体重。
- 将睡眠当作头等大事，争取每晚睡七到八小时。
- 保持血糖稳定。

当你拥有明确的目标、健康的血糖水平，又能够保持充足的睡眠，又不喝酒，也不感到饥饿、生气、孤独或疲劳时，你就很有可能保护自己免受恶龙和蚂蚁的伤害。如果你的驯龙者非常虚弱，那你很容易受到恶习之龙、诡计之龙和成瘾之龙的影响；而当你的驯龙者身强力壮时，你就能执掌全局，获得强大的力量。

我的 OPM 练习

我想要什么？我应该如何行动去实现它？

人际关系

伴侣：

父母：

子女：

家人 / 朋友：

邻居：

工作

学校

财务状况

自我

身体健康：

情绪健康：

精神健康：

治愈现代人心理问题的拼图

40 年来，研究大脑健康问题不仅改变了我在医学和心理学方面的诊疗方式，也改变了我的生活方式。现在，我们更加清楚地发现，我们所要解决的不是“心理健康”问题，而是会偷走心智的“大脑健康”问题。提升大脑的生理健康水平是帮助患者好转的一个基本方面，但这也只是解决健康难题的两块拼图之一。驯服恶龙则是解决健康难题的另一块拼图。帮助人们学会控制自己的恶龙，是让他们摆脱焦虑、抑郁、恶习和成瘾并恢复过来的关键方法之一。因为当生活让你陷入困境时，那些曾被驯服的恶龙会再次破笼而出、狂奔肆虐。

生活中的每一天，你都会遭受恶龙的攻击。有时候，它们会在你的脑海里低语；而当压力和焦虑爆棚时，它们又会无休无止地发出尖叫。大脑的健康程度和驯龙者的能力强弱，决定着你是否对恶龙俯首帖耳。如果恶龙正在影响你的思维、感觉或行为，你就知道恶龙已经失控，正在狂奔肆虐；但是如果恶龙已被驯服，那么即便在人生最痛苦最艰难的时刻，它们也会帮助你实现人生目标。

比如，山姆是一位在体育营销领域成功立业的企业家。新冠疫情期间，他眼睁睁看着职业体育行业陷入停滞，在可预见的未来，山姆失去了所有收入。在向我寻求帮助的头几周，他既焦虑又愤怒，努力奋斗而来的事业和地位似乎已经化为泡影。在我们的谈话中，他花了很多时间把自己的不利处境归咎于他人。他的过去之龙、焦虑之龙、愤怒之龙和评判之龙正在他的大脑里喷射火焰，影响着他的一举一动。他也染上了一些恶习，包括靠喝酒来缓解焦虑，对着家人大喊大叫，花好几个小时泡在社交媒体上，抨击那些他认为限制店铺营业的幕后势力。然而，这些行为都不会帮助他实现自己的目标，让事业重回正轨，让他再次感到自己是一个聪明能干、创意十足、有所成就的人。

我们一起制订了帮助他驯服恶龙、提升大脑健康水平的策略。最终，他改变了自己的想法，不再纠结于已经出错的事情。他也不再到处找人麻烦，而是开始认真地过自己的生活。同时，他不会再为鸡毛蒜皮的事情向家人大发脾气，而是在感到沮丧时，通过深呼吸或停下来反省自己以调整状态。另外，为了平复焦虑的思绪，他也不再喝酒，而且还会有意识地改变思维方式，利用多年积累的经验，为开展新业务打下基础。慢慢地，他开始签新客户了。

学习如何驯服恶龙，将让你改掉坏习惯，不再轻易被诡计之龙诱惑，不再出现自暴自弃的想法，并治好你的成瘾症状。恶龙充满能量，所以，你得引导恶龙为你提供助力，而不是对你造成伤害。当你真正开始关注大脑正在关注的事物时，你就会更加谨慎地挑选对你和你所爱之人产生影响的事物。随着心理圈越来越健康，你会变得更有自信、更加坚忍，可以直面任何生活丢给你的难题，无论是感情破裂，还是意外失业，等等。

赋能就是分享所学。帮助他人驯服恶龙，他人的恶龙就不太可能会与你的恶龙打架。驯服恶龙可以为整个社会创造更多和平、幸福、友好的关系。

致　谢

我想对所有参与这本书的创作过程的人表达感谢，尤其是成千上万来到亚蒙诊所、让我们帮助他们踏上康复之旅的患者和他们的家属。

我很感激亚蒙诊所的工作人员，他们每天都在努力工作，为患者服务。我要特别感谢弗朗斯·夏普（Frances Sharpe），在她的精心设计下，读者可以更好地读懂这本书。同时，我要感谢我的朋友和同事莎伦·梅博士，是她最先教会我关于恶龙的知识，以及罗布·约翰逊（Rob Johnson）博士、金·施耐德、汤姆·鲍恩（Tom Bowen）和克里斯蒂娜·鲍恩（Christine Bowen）、米歇尔·沃索尔（Michelle Walthall）、克里斯蒂娜·珀金斯（Christine Perkins）、罗布·帕特森（Rob Patterson）、吉姆·斯普林格（Jim Springer）和纳塔莉·布乔兹（Natalie Buchoz），感谢他们分享的知识、给予的爱和支持。我也要感谢简·朗·哈里斯（Jan Long Harris）和廷代尔出版社（Tyndale）团队，感谢他们对这本书的信任，并帮助我将这本书推向世界，我也要感谢我的编辑安德烈亚·文利·康弗斯（Andrea Vinley Converse），是他帮助我将这本书完善到最好的模样。

我要感谢塔娜，她是了不起的妻子，也是我事业上的合作伙伴。我也要感谢我的家人，感谢他们对我痴迷于改善大脑健康工作的包容。我要特别感谢我的女儿克洛（Chloe）和我的侄女阿梅莉（Amelie）和阿莉兹（Alizé），她们一直在听我滔滔不绝地谈论恶龙。我爱你们所有人。

注释与参考资料

考虑到环保的因素，也为了节省纸张、降低图书定价，本书编辑制作了电子版的注释与参考资料。请扫描下方二维码，直达图书详情页，点击“阅读资料包”获取。

扫码查看本书的注释与参考资料

未来，属于终身学习者

我们正在亲历前所未有的变革——互联网改变了信息传递的方式，指数级技术快速发展并颠覆商业世界，人工智能正在侵占越来越多的人类领地。

面对这些变化，我们需要问自己：未来需要什么样的人才？

答案是，成为终身学习者。终身学习意味着永不停歇地追求全面的知识结构、强大的逻辑思考能力和敏锐的感知力。这是一种能够在不断变化中随时重建、更新认知体系的能力。阅读，无疑是帮助我们提高这种能力的最佳途径。

在充满不确定性的时代，答案并不总是简单地出现在书本之中。"读万卷书"不仅要亲自阅读、广泛阅读，也需要我们深入探索好书的内部世界，让知识不再局限于书本之中。

湛庐阅读 App：与最聪明的人共同进化

我们现在推出全新的湛庐阅读 App，它将成为您在书本之外，践行终身学习的场所。

- 不用考虑"读什么"。这里汇集了湛庐所有纸质书、电子书、有声书和各种阅读服务。
- 可以学习"怎么读"。我们提供包括课程、精读班和讲书在内的全方位阅读解决方案。
- 谁来领读？您能最先了解到作者、译者、专家等大咖的前沿洞见，他们是高质量思想的源泉。
- 与谁共读？您将加入优秀的读者和终身学习者的行列，他们对阅读和学习具有持久的热情和源源不断的动力。

在湛庐阅读 App 首页，编辑为您精选了经典书目和优质音视频内容，每天早、中、晚更新，满足您不间断的阅读需求。

【特别专题】【主题书单】【人物特写】等原创专栏，提供专业、深度的解读和选书参考，回应社会议题，是您了解湛庐近千位重要作者思想的独家渠道。

在每本图书的详情页，您将通过深度导读栏目【专家视点】【深度访谈】和【书评】读懂、读透一本好书。

通过这个不设限的学习平台，您在任何时间、任何地点都能获得有价值的思想，并通过阅读实现终身学习。我们邀您共建一个与最聪明的人共同进化的社区，使其成为先进思想交汇的聚集地，这正是我们的使命和价值所在。

图书在版编目（CIP）数据

思维之龙与想法之蚁 / (美) 丹尼尔・亚蒙
(Daniel G. Amen) 著; 刘卓然译. -- 北京：中国纺织
出版社有限公司，2024. 12. -- ISBN 978-7-5229-2274
-4

Ⅰ. B848. 4-49

中国国家版本馆CIP数据核字第2024Z6R963号

责任编辑：刘宇飞　　责任校对：王蕙莹　　责任印制：王艳丽

中国纺织出版社有限公司出版发行
地址：北京市朝阳区百子湾东里 A407 号楼　邮政编码：100124
销售电话：010—67004422　传真：010—87155801
http://www.c-textilep. com
中国纺织出版社天猫旗舰店
官方微博 http://weibo.com/2119887771
石家庄继文印刷有限公司印刷　各地新华书店经销
2024年12月第1版第1次印刷
开本：710 × 965　1/16　印张：15　插页：2
字数：228千字　定价：99.90元

凡购本书，如有缺页、倒页、脱页，由本社图书营销中心调换